污染减排的协同效应评价及政策

中日污染减排与协同效应研究示范项目联合研究组　著

U0252103

中国环境出版集团·北京

图书在版编目（CIP）数据

污染减排的协同效应评价及政策/中日污染减排与协同效应研究示范项目联合研究组著. —北京：中国环境出版集团，2022.8
ISBN 978-7-5111-4709-7

Ⅰ. ①污… Ⅱ. ①中… Ⅲ. ①污染物—总排污量控制—国际合作—研究—中国、日本 Ⅳ. ①X506

中国版本图书馆 CIP 数据核字（2021）第 259317 号

出 版 人	武德凯
责任编辑	韩 睿
责任校对	薄军霞
封面设计	岳 帅

出版发行　中国环境出版集团
　　　　　（100062　北京市东城区广渠门内大街 16 号）
　　　　　网　　址：http://www.cesp.com.cn
　　　　　电子邮箱：bjgl@cesp.com.cn
　　　　　联系电话：010-67112765（编辑管理部）
　　　　　发行热线：010-67125803，010-67113405（传真）
印　　刷　北京中献拓方科技发展有限公司
经　　销　各地新华书店
版　　次　2022 年 8 月第 1 版
印　　次　2022 年 8 月第 1 次印刷
开　　本　787×960　1/16
印　　张　15.25
字　　数　222 千字
定　　价　68.00 元

中国环境出版集团郑重承诺：
中国环境出版集团合作的印刷单位、材料单位均具有中国环境标志产品认证。

前　言

2021 年，碳达峰、碳中和被纳入我国生态文明建设整体布局，减污降碳协同增效成为促进经济社会发展全面绿色转型的总抓手，《中华人民共和国国民经济和社会发展第十四个五年规划和 2035 年远景目标纲要》提出"协同推进减污降碳"，这充分表明了减污降碳协同增效的重要作用和地位，也意味着开展污染减排协同效应研究具有极其重要的意义。

"中日污染减排与协同效应研究示范项目"是较早开展并持续较长时间的减污降碳协同增效研究项目。"中日污染减排与协同效应研究示范项目"于 2008 年 4 月正式启动，至今已执行三期，历时 13 年。该项目在 2007 年 12 月 1 日中国环境保护部和日本环境省（以下简称"双方"）共同签署的"关于合作开展协同效应研究与示范项目的意向书"（以下简称"意向书"）中确定，被 2007 年 12 月 28 日中日两国政府签署的《关于推动中日环境能源领域合作的联合公报》支持，其第三条提出"双方支持关于污染减排及其对减少温室气体排放的协同效应的合作研究与示范项目"。项目主要目标是落实"双方"签署的"意向书"，将解决中国的环境污染问题与解决全球的气候变化问题结合起来，量化评估中国示范城市大气污染减排措施及相关政策对全球减缓气候变化的协同效应和贡献，为有效协调国内环境保护政策与气候变化政策及实现减污降碳协同增效，进而推动经济社会发展全面绿色转型提供决策参考。

项目主要内容包括示范城市大气污染物总量减排措施对温室气体减排的协同效应评价研究、能力建设培训、技术合作等。项目初步成果曾在 2009 年 12 月哥本哈根举办的《联合国气候变化框架公约》第 15 次缔约方大会（COP15）上发表，引起广泛关注。2010 年和 2021 年中日韩三国环境部长会议均将协同效应研究列为十年行动计划的重要内容之一。

"中日污染减排与协同效应研究示范项目"启动之初建立了中日联合工作组，中国环境保护部大气环境管理司（原污染物排放总量控制司）司长和日本环境省水和大气环境局局长共同负责和担任组长。联合工作组其他主要成员包括中国环境保护部大气环境管理司大气固定源环境管理处（原污染物排放总量控制司大气总量处）处长、日本环境省水和大气环境局国际合作推进室室长。中国生态环境部环境与经济政策研究中心和日本海外环境协力中心为"双方"项目实施的牵头部门。

本书是该项目的部分成果，共分 11 章，具体内容及作者分工如下：

第 1 章引言，由生态环境部环境与经济政策研究中心李丽平、李媛媛、孙飞翔（现在生态环境部办公厅任职），日本海外环境协力中心加藤真、古宫祐子执笔；第 2 章协同效应的内涵，由生态环境部环境与经济政策研究中心李丽平、李媛媛、孙飞翔、刘金淼，日本海外环境协力中心加藤真、裘轶政执笔；第 3 章中国传统大气污染物与温室气体协同控制政策分析，由生态环境部环境与经济政策研究中心李丽平、李媛媛、孙飞翔、姜欢欢，裘轶政执笔；第 4 章传统大气污染物与温室气体减排的协同效应技术评价，由太平洋咨询株式会社西畑昭史、董杰及生态环境部环境与经济政策研究中心李丽平、孙飞翔执笔；第 5 章协同效应评价方法，由生态环境部环境与经济政策研究中心李丽平、孙飞翔、李媛媛、赵嘉，加藤真、西畑昭史、董杰，北京市生态环境保护科学研究院王敏燕执笔；第 6 章城市协同效应评估案例之一——攀枝花市"十一五"期间基于二氧化硫和温室气体减排的协同效应评估，由李丽平、攀枝花市环境监测站季浩宇执笔；第 7 章城市协同效应评估案例之二——湘潭市基于氮氧化物、二氧化硫及温室气体减排的协同效应评估，由湖南省环境保护科学研究院姜苹红，李丽平、赵嘉、孙飞翔，湖南省生态环境厅刘益贵，湖南省环境保护科学研究院马超、向仁军、成应向执笔；第 8 章行业协同效应评估案例之一——水泥窑协同处置污泥及低氮燃烧技术应用，由孙飞翔、西畑昭史、董杰执笔；第 9 章行业协同效应评估案例之二——无水印刷技术协同减排污染物与温室气体案例评估由李媛媛、李丽平、王敏燕、裘轶政执笔；第 10 章政策协同效应评估案例——煤炭消费总量控制，由孙飞翔、李丽平执笔；第 11 章协同效应评价结果分析与政策建议——从协同效应走向协同控制，由李丽平、李媛媛、孙飞翔执笔。全书由李丽平、李媛媛统稿。

由于本项目实施时间较长，很多人为此付出了大量辛勤劳动。本项目的实施以及本书的撰写得到了时任中国环境保护部污染物排放总量控制司大气总量处吴险峰处长（现生态环境部大气环境司巡视员），时任大气环境司大气固定源处严刚处长（现生态环境部环境规划院副院长），大气环境司大气固定源处王凤处长、蔡俊副处长，日本环境省水和大气环境局国际合作推进室是泽裕二（原室长）、竹本明生（原室长）、泷口博明（原室长）、水野理（原室长）、关谷毅史（原室长）、小川真佐子（原室长）、筒井诚二（原室长）、吉川和身（原室长）、黑田景子（原主查）、平祐朗（原股长）、河合实名子（原股长）、宇贺麻衣子、远山徹直接的悉心指导和大力支持，他们把握项目方向，并亲自参与项目实地调研和指导培训活动。在项目设计初期及实施过程中，得到了中国生态环境部大气环境司（原环境保护部污染物排放总量控制司）、国际合作司、中日友好环境保护中心相关领导的指导和支持。原环境保护部环境与经济政策研究中心副主任任勇研究员（现生态环境部固体废物与化学品司司长）直接参与了项目前期设计，提出了指导性意见。原环境保护部环境与经济政策研究中心国际环境政策研究所副所长周国梅研究员（现生态环境部国际合作司司长）为中方项目前期负责人，指导方法论研究和攀枝花市案例评价研究。生态环境部环境与经济政策研究中心李丽平为项目第二期和第三期中方项目负责人、日本海外环境协力中心业务部门长/主席研究员加藤真为日方项目负责人，他们全程参与了项目的全部活动，并作为主要执笔人完成研究报告。时任攀枝花市环境保护局局长任礁军、总工胡建荣，攀枝花市环境监测站季浩宇副站长，湘潭市环境保护局陈铁军局长、廖勇副局长、赵波副局长、马跃龙副调研员、李雨青主任、肖佳科长、贺丰炎副站长，青海省生态环境厅大气处张静副处长，盘锦市生态环境局李勇局长，镇江市生态环境局丹徒区环境分局吴淳副局长，北京市生态环境局张中平副处长，印刷协会李建军秘书长等为本项目的成功实施提供了大量帮助或直接参与了大量工作。生态环境部环境规划院张晓楠，时任中冶集团环保设计院副总工程师邹元龙、魏有权博士、杨丽琴室主任，中科院地理科学与资源研究所唐志鹏博士直接参与了项目调研和相关活动，提出了大量有价值的意见和建议。原环境保护部科技标准司裴晓菲处长（现生态环境部综合司副司长），原环境保护部环境与经济政策研究中心夏光主任、原庆丹副主任、胡涛研究员，生态环境部环境与经济政策研究中心钱勇主任、田春秀副主任对该项目予以大力支持。生态环境部环境与经济政策研究中心冯相昭研究员、中国环境科学研究院高庆先研究员、生态环境部环境规划院陈潇君研究员、北京师范大学毛显强教授、东京大学名誉教授和国际基督教大学客座教授山本良一、北京水泥厂李铁冰工程师、鲁中水泥厂杨玉峰等作为外部专家对初稿提出了非常有价值的意见和建议。日本全球环境战略研究所北京办公室主任小柳秀明先生作为项目顾问对项目提出了非常有价值的建议。日本环境省吉川和身、平祐朗、遠山徹，日本海外环境协力中心的古宫祐子、裘轶政在能力建设方面做了大量工作。生态环境部环境与经济政策研究中心的李媛媛、刘金淼、赵嘉、段炎斐、刘倩等在项目协调和出版过程中做了大量的报告数据核对及资料查找的工作。中国环境出版集团韩睿副编审在出版过程中给予了鼎力帮助。在此一并表示衷心感谢！感谢所有对该项目提供帮助的单位和个人！

中日污染减排与协同效应研究示范项目联合研究组

2021 年 12 月

目 录

1 引 言 / 1

    1.1 研究背景 / 1

    1.2 研究意义 / 2

    1.3 文献综述 / 4

    1.4 研究目的 / 15

    1.5 技术路线和内容结构 / 16

2 协同效应的内涵 / 18

    2.1 国际协同效应的内涵 / 18

    2.2 中国及本书中协同效应的内涵 / 23

3 中国传统大气污染物与温室气体协同控制政策分析 / 27

    3.1 中国传统大气污染物与温室气体协同控制政策的发展历程 / 27

    3.2 中国现有协同控制政策分析 / 31

    3.3 中国协同控制政策特点分析 / 39

4 传统大气污染物与温室气体减排的协同效应技术评价 / 44

4.1 钢铁行业主要的协同效应技术 / 44

4.2 电力行业主要的协同效应技术 / 50

4.3 水泥行业主要的协同效应技术 / 55

4.4 其他行业主要的协同效应技术 / 58

4.5 协同效应技术评价小结 / 59

5 协同效应评价方法 / 61

5.1 目的 / 61

5.2 思路 / 61

5.3 计算方法 / 63

6 城市协同效应评估案例之一——攀枝花市"十一五"期间基于二氧化硫和温室气体减排的协同效应评估 / 91

6.1 攀枝花市基本情况 / 91

6.2 攀枝花市总量减排政策 / 92

6.3 攀枝花市污染物减排措施对温室气体减排的协同效应评估 / 94

6.4 攀枝花市总量减排措施对温室气体减排的协同效应评估结论 / 98

7 城市协同效应评估案例之二——湘潭市基于氮氧化物、二氧化硫及温室气体减排的协同效应评估 / 101

7.1 湘潭市基本情况 / 101

7.2 湘潭市污染减排政策 / 104

7.3 湘潭市协同效应评价 / 110

7.4　湘潭市污染减排措施对温室气体减排的协同效应评估结论 / 136

8　行业协同效应评估案例之一——水泥窑协同处置污泥及低氮燃烧技术应用 / 148

8.1　水泥窑协同处置污泥及低氮燃烧技术应用的环境协同效应原理 / 148

8.2　水泥窑协同处置发展的基本情况 / 151

8.3　中国水泥企业利用日本技术和管理协同处置污泥试点项目协同
　　效应预评估 / 158

8.4　水泥窑废弃物的协同效应评估结论 / 164

9　行业协同效应评估案例之二——无水印刷技术协同减排污染物与温室气体案
例评估 / 168

9.1　我国印刷行业 VOCs 污染与治理现状 / 168

9.2　无水印刷技术使用情况及效果 / 170

9.3　无水印刷技术协同减排污染物与温室气体评估研究 / 171

9.4　无水印刷技术协同减排污染物与温室气体评估结论 / 175

10　政策协同效应评估案例——煤炭消费总量控制 / 177

10.1　中国煤炭消费总量控制背景 / 177

10.2　中国煤炭消费总量控制政策及措施 / 182

10.3　中国煤炭消费总量控制政策的协同效应评估 / 185

10.4　中国煤炭消费总量控制政策的协同效应评估结论 / 193

11　协同效应评价结果分析与政策建议——从协同效应走向协同控制 / 195

11.1　结果分析 / 195

11.2　主要结论 / 201

11.3　政策建议 / 205

缩略语 / 212

参考文献 / 215

1

引　言

1.1　研究背景

随着大气污染加剧及气候变化谈判的深入，国际社会开始逐渐意识到气候变暖和局地大气污染都是影响可持续发展，特别是影响许多发展中国家可持续发展的重要因素，对经济发展、人体健康、消除贫困等造成一系列不利影响。

2000 年 3 月经济合作与发展组织（OECD）和政府间气候变化专门委员会（IPCC）在美国首都华盛顿召开"温室气体减排成本与附属效益国际研讨会"（International Workshop on Ancillary Benefits and Costs of Greenhouse Gas Mitigation）。此次会议首次尝试分析同时实施减缓气候变化和减少传统大气污染物措施时，两者之间科学上的关联性和实施中减少的成本等。这一尝试此后也被 IPCC 评估报告所继承。之后，越来越多的科学研究证实，不论是从起源、大气过程还是对人类及环境的影响效果来看，传统的大气污染物和温室气体在一定条件下有着密切的、相互作用的关系。

随着对温室气体及传统大气污染物机理科学认识的不断深入，两者之间的协同效应也逐渐应用到国际气候变化谈判中，并在某种程度上推动了气候变化谈判的进程。因为协同效应恰恰是两者一个共同的利益交汇点。

就中国而言，生态环境保护面临的形势依然严峻、复杂，协同推进经济高质量发展和生态环境高水平保护的要求更加迫切。中国环境状况脆弱，是易受气候变化影响的国家，也是国际气候变化谈判的焦点，面临承担量化的温室气体减排、限排义务的压力。不论是国内环境压力还是全球环境压力，都既有环境问题本身产生的纯粹"环境威胁"和"威胁环境"的自然压力，也包括环境问题引发或外延的民生问题以及"环境威胁论"和"大国责任论"等社会压力；必须承担的环境责任除了历史污染排放责任，还有现代全球环境治理责任。总之，中国面对的环境和气候压力是前后夹击、内外交加、国际和国内、环境和社会共同作用的"多重压力"。

1.2 研究意义

开展污染物减排与温室气体减排的协同效应项目和研究，尽量避免节能不减排、减排不节能政策措施的产生，具有重要意义。

（1）考虑污染物与温室气体减排的协同效应可降低政策实施成本

越来越多的国际经验和证据表明，如果气候变化和大气污染控制战略被统筹考虑，在总收益一定的情况下，成本会大大降低。美国国家环境保护局关于温室气体减排措施对 SO_2 治理费用的影响研究表明，由于减排温室气体，每年可减少 5 亿美元的 SO_2 治理费用。欧洲为实现《联合国气候变化框架公约》之《京都议定书》所规定的温室气体削减目标，采取改变能源结构等措施，可以节约 40% 左右的大气污染控制成本。联合国开发计划署 2010 年发布的报告证明，低碳发展最终将在不增加成本的情况下降低 SO_2、NO_x 和颗粒物质的排放。在实现既定的环境空气质量目标的前提下，若同时采取气候友好措施，可进一步降低空气污染的成本。韩国环境研究所（KEI）的 Yeora Chae 博士[①]对韩国 2030 年可再生能源政策进行分析，指出该政策有望带来约 26 万亿韩元的货币化共同效益，考虑协同效应可以抵消相对较高的可再生能源技术成本，使可再生能源更具竞争力

---

① ACP. Webinar: Aligning Climate Change and Sustainable Development Policies in Asia，PDF.

和吸引力。

如果能选择一个有效的措施框架同时控制空气污染和温室气体，中国能够在节约一半的空气污染治理费用的同时减少约8%的温室气体排放。根据中国人民大学的研究，中国如果在2020年时达到碳排放比2005年减少45%的目标，今后10年每年需要为此新增300亿美元的投资，相当于每个中国家庭每年要多负担64美元。

（2）考虑污染物与温室气体减排的协同效应可避免政策失效的风险

事实上，节能不减排、减排不节能的状况是客观存在的。例如，燃煤电厂安装脱硫设施有助于实现环保目标，但脱硫设施运转耗能会增加温室气体排放，这些电量供应如果不是由清洁能源产生，则不可避免地会有大量温室气体排放；太阳能是低碳的，发展太阳能及推广节能灯的确是重要的节能措施，但也可能存在高污染风险。作为太阳能产业发展所需的重要工业原料，多晶硅是高污染项目，生产多晶硅的副产品 $SiCl_4$ 是一种具有强腐蚀性的有毒有害液体。

有大量研究表明，如果政策考虑了污染物减排与温室气体减排的协同效应，会避免政策失效的风险。美国国家环境保护局、日本环境省、斯德哥尔摩环境研究所（Stockholm Environment Institute，SEI）、国际应用系统分析研究所、亚洲技术研发中心和孟加拉国农林部等多个国家和机构的联合研究[①]表明，协同效应在多个领域和地区都存在并且比较显著，对于政策的研究和制定也应该从多个视角的协同控制入手，这不仅对于多项目标的达成具有显著效果，而且在多个国家均证实存在政策的成本优势，可以避免相关政策的失效。

（3）考虑污染物与温室气体减排的协同效应可产生更多的健康效益

通过采取相关污染物减排与温室气体减排的协同效应措施，从人体健康的角度出发，可以减少患者人数，减少病假天数，减少急性或者慢性呼吸道疾病发生、增加预期寿命。尽管对健康效益货币化的评价结果还存在争议，减排每吨 CO_2 的

---

① Zusman E，Miyatsuka A，Evarts D，et al. Co-benefits: taking a multidisciplinary approach[J]. Carbon Management，2013，4（2）：135-137.

额外收益达 2～100 美元，但一些相关研究[1]都反映了一个共同的事实，那就是人体健康的额外收益非常显著[2]。并且有研究表明[3]，温室气体减排带来的最大协同效益是减少本地和区域大气污染导致的健康损害。

1.3 文献综述

国际上最早关于大气污染物与温室气体间协同效应的研究起始于1991年 Robert U. Ayres 和 Jorg Walter 发表于 *Environmental and Resource Economics*（《环境和资源经济学》）的文章 *The Greenhouse Effect：Damages，Costs and Abatement*。之后，相关研究开始增多。

研究可分为三大类：一是协同效应机理研究；二是协同效应评价的方法学研究；三是协同效应评价与分析研究。

1.3.1 协同效应机理研究

相关科学研究发现，温室气体与传统大气污染物在大气中存在相互作用的关系。根据斯德哥尔摩环境研究所的相关研究报告，地球气候变化归因于过去的 150 年中 CO_2 与其他温室效应气体在大气中的积聚，而平均温室效应气体造成的潜在热效应的 40%被某些气溶胶（或者气溶胶与云的混合体）抵消。因为气溶胶会增加对阳光的反射。图 1-1 显示气溶胶的辐射强度，黑炭（black carbon）的升温作用与气溶胶的冷却效果可能大大高于《IPCC 第四次评估报告》（2007）中所报告的数值。这说明整体把大气污染的作用包括在地球变暖中是非常重要的。

---

① 蔡闻佳，惠婧璇，赵梦真，等. 温室气体减排的健康协同效应：综述与展望[J]. 城市与环境研究，2019（1）：76-94.

② Haines A，A J Mcmichael，K R Smith，et al. Public health benefits of strategies to reduce greenhouse-gas emissions：overview and implications for policy makers[J]. The Lancet，2009，374（9707）：2104-2114.

③ 杨曦，腾飞. 中国二氧化碳减排和环境协同效益评价模型的构建与研究[M]. 北京：科学出版社，2019.

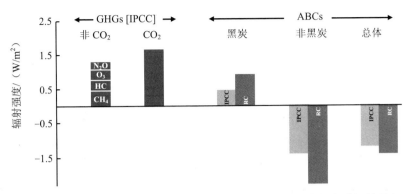

图 1-1 温室效应气体（GHGs）与大气棕云（ABCs）对应的全球辐射强度

资料来源：Ramanathan 和 Feng（2008）。

另外，OECD 详细归纳了温室气体与传统大气污染物的相互作用关系，同时也归纳了传统大气污染物影响生态环境、农作物产量与人体健康的途径（图 1-2）。研究指出，室内空气污染与黑炭对人体健康有着巨大的负面作用。硫氧化物（SO_x）（SO_2 和 SO_3 及两者的混合物的总称）形成的硫酸盐、悬浮颗粒对人体健康有负面作用，并且会引起建筑物的材料损害与生态环境的土壤酸性化。NO_x 的排放是对流层 O_3 增加的原因之一，硝酸盐悬浮颗粒会危害人体健康（如使人患上呼吸道疾病、癌症等），农作物的减产要归因于 O_3、生态环境的土壤酸性化与富营养化。

作为气候变暖因子的地面 O_3 与黑炭气溶胶同时也是空气污染物（因为 CH_4 是 O_3 形成的前体物质）。O_3 会影响农作物的产量，并由此造成粮食危机和人体健康问题。同时，最值得关注的是，O_3 已经成为第三大重要的温室效应气体（Prather et al.，2001）[①]。黑炭是悬浮颗粒物的关键组成部分，它主要导致空气污染并影响人体健康，造成每年几十万人的过早死亡。与 CO_2 相比，这些物质在大气中的停留时间较短，O_3 与黑炭停留时间为几天或者几周，CH_4 停留时间则为 10 年。采取紧急措施减少它们在大气中的浓度会改善空气质量（CH_4 有损害健康与降低农

---

① 尽管 O_3 有温暖化辐射性质，但是它没有被包括在《京都议定书》中，或许因为它是间接污染物，它是通过在大气中与其他直接污染物产生化学反应形成的。

作物产量的危险），并且相对地在短期内加快温室效应。

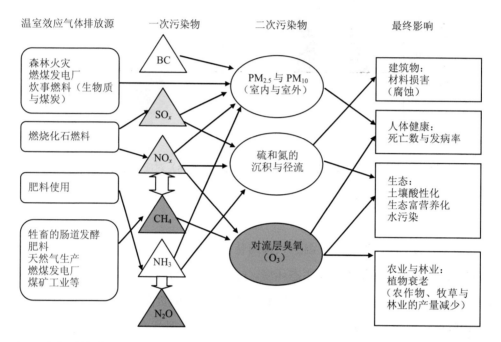

注：深色表示的气体对气温的上升发挥正作用，浅色表示的气体对气温的上升发挥负作用。白色箭头表示污染物间非常重要的相互作用。一次污染物被直接排放到大气中，并且一次污染物通过化学或者光化学反应在大气中形成二次污染物。BC 代表黑炭。

图 1-2　污染途径

资料来源：OECD。

1.3.2　协同效应评价的方法学研究

协同效应评价因对象不同而方法各异。例如，针对微观具体的减排技术措施、规划措施，更多地是采用基于技术的"自下而上"模型结合"排放系数"法对协同效应进行评估；对于较为宏观的减排政策，特别是经济政策措施，则更倾向于采取"自上而下"模型或二者结合的"混合（hybrid）模型方法"加以模拟评估[①]。例如，Kristin 等[②]在研究后京都时代气候政策对北欧空气污染的协同效应时采用 GRACE、RAINS、FRES 三个模型。其中，GRACE 模型是自上而下的 CGE 模型，RAINS 模型是基于污染治理技术的自下而上模型，两者通过活动水平参数连接；FRES 模型是荷兰气象研究所和国家卫生福利研究所合作开发的，模型结果用于科学评估和支持决策。而温室气体与大气污染相互作用和协同（GAINS）模型是应用系统分析国际研究所（International Institute for Applied Systems Analysis，IIASA）在 RAINS 模型的基础上专门针对协同效应研究开发的硬连接集成模型，其硬连接体现在优化目标是对包含污染物和温室气体的成本总和最小化。作为数据库，GAINS 模型提供未来情景下的活动数据和排放战略；作为排放模型，它评估当前和未来大气质量政策所导致的排放量和成本。

除使用以上模型外，学者也使用其他研究方法对协同效应进行评价和分析。如国际上还采用多均衡模型综合应用，综合多种均衡模型，对区域一系列低碳能源政策进行情景分析：①系统动力学模型+情景分析，运用系统动力学模型和情景分析法对"新能源政策"和"提高能效政策"两大能源政策进行成本—效益评价；②APEEP 模型[③]，采用 APEEP 模型，对特定年份或时期内温室气体控制政策法案将引起的环境和健康效益进行货币化估量；③APEEP 模型+GREET 模型[④]，使用 APEEP、GREET 模型进行模拟，对与 CO_2 伴生的污染物所造成的损害进行货币化考量；④MARKAL 模型[⑤]，应用 MARKAL 模型框架对多个碳减排场景下的能源、碳排放和大气污染排放进行预测，如 Shrestha 等[⑥]采用 MARKAL 模型模拟了

① 谭琦璐，温宗国，杨宏伟. 控制温室气体和大气污染物的协同效应研究评述及建议[J]. 环境保护，2018，46（24）：51-57.

② Kristin R，Nathan R，Stefan A，et al. Nordic air quality co-benefits from European post-2012 climate policies[J]. Energy Policy，2007，12：6309-6322.

③ Groosman B，Muller N Z，O'Neil-Toy E. The ancillary benefits from climate policy in the United States[J]. Environment and Resource Economics，2011，50（4）：585-603.

④ Muller N Z. The design of optimal climate policy with air pollution cobenefits[J]. Resource and Energy Economics，2012，34（4）：696-722.

⑤ Shrestha R M，Pradhan S. Co-benefits of CO_2 emission reduction in a developed country[J]. Energy Policy，2010，38（5）：2586-2597.

⑥ Shrestha R M，Pradhan S. Co-benefits of CO_2 emission reduction in a developing country[J]. Energy Policy，2010，38（5）：2586-2597.

泰国 CO_2 减排带来的协同效益；⑤POLES 模型+GAINS 模型[1]，应用 POLES、GAINS 等模型，评估电力部门温室气体减排措施降低 PM 排放所带来的健康效益；⑥扩展的 MERGE 模型[2]，利用扩展的 MERGE 模型对多个减排场景分别进行气候变化政策的协同效应评价，对全球气候变化政策（GCC）、地区大气污染控制政策（LAP）情景进行成本—效益分析；⑦CGE 模型，如 Boyd 等[3]采用 CGE 模型和货币化方法评估了美国对煤、石油、天然气征收能源税所产生的协同效应。此外，中国通常采用情景分析法设定不同情景，并利用协同控制效应坐标系、污染物减排量交叉弹性（Elsa/b）分析、单位污染物减排成本分析、协同效应系数、环境成本效益分析（ECBA）等多种方法评估协同减排量[4]。如冯相昭等[5]采用情景分析法，运用长期能源可替代规划系统模型（LEAP）评估中国交通部门污染物与温室气体协同效应。刘胜强等[6]构建大气污染物协同减排当量指标 APeq 评价中国钢铁行业大气污染与温室气体协同控制路径。贾璐宇等[7]运用排放因子法评估《大气污染防治行动计划》相关政策措施在不同部门、不同省（区、市）的 CO_2 减排效果。

---

① Markandya A，Armstrong B J，Hales S，et al. Public health benefits of strategies to reduce greenhouse-gas emissions：overview and implications for policy makers[J]. The Lancet，2009，374（9706）：2006-2015.

② Bollen J，Guay B，Jamet S，et al. Co-benefits of climate change mitigation policies: literature review and new results[R]. OCED Publishing，2009.

③ Boyd R，Krutilla K，Viscusi W K. Energy taxation as a policy instrument to reduce CO_2 emissions：a net benefit analysis[J]. Journal of Environmental Economics and Management，1995，29（1）：1-24.

④ 毛显强，曾桉，胡涛，等. 技术减排措施协同效应评价研究[J]. 中国人口·资源与环境，2011，21（12）：1-7；周颖，张宏伟，蔡博峰，等. 水泥行业常规污染物和二氧化碳协同减排研究[J]. 环境科学与技术，2013，36（12）：164-168；刘胜强，毛显强，胡涛，等. 中国钢铁行业大气污染物与温室气体协同控制路径研究[J]. 环境科学与技术，2012，35（7）：168-174.

⑤ 冯相昭，赵梦雪，王敏，等，中国交通部门污染物与温室气体协同控制模拟研究[J]. 气候变化研究进展，2021，17（3）：279-288.

⑥ 刘胜强，毛显强，胡涛，等. 中国钢铁行业大气污染与温室气体协同控制路径研究[J]. 环境科学与技术，2012（7）：174-180.

⑦ 贾璐宇，王艳华，王克，等. 大气污染防治措施二氧化碳协同减排效果评估[J]. 环境保护科学，2020，222（6）：25-32，49.

毛显强等[1]总结并提出协同控制评估与规划方法，包括协同减排量核算方法，协同控制效应评估方法（协同控制效应坐标系、协同控制交叉弹性、单位污染物减排成本），协同控制程度判断，边际减排成本曲线（MAC）与协同控制规划。该协同控制效应评估方法已经在多个领域的研究中得到整体或部分应用，包括针对城市蓝天保卫战措施的协同控制效应评价[2][3]，针对钢铁[4][5][6]、交通[7][8]、电力[9][10]等重点行业减排措施的协同控制效应分析，针对城市开展的协同控制评价与规划研究[11][12]。

1.3.3 协同效应评价与分析研究

20 世纪 90 年代到 21 世纪初，学者主要关注温室气体减排对局地大气污染减排的协同效应评价和局地大气污染物减排对温室气体减排的协同效应研究。

---

① 毛显强，邢有凯，高玉冰，等. 温室气体与大气污染物协同控制效应评估与规划[J]. 中国环境科学，2021，41（7）：3390-3398.

② 邢有凯，毛显强，冯相昭，等. 城市蓝天保卫战行动协同控制局地大气污染物和温室气体效果评估——以唐山市为例[J]. 中国环境管理，2020，12（4）：20-28.

③ 冯相昭，毛显强. 我国城市大气污染防治政策协同减排温室气体效果评价——以重庆为案例[C]//谢伏瞻，刘雅鸣. 气候变化绿皮书应对气候变化报告（2018）. 北京：社会科学文献出版社，2018.

④ 毛显强，曾桉，刘胜强，等. 钢铁行业技术减排措施硫、氮、碳协同控制效应评价研究[J]. 环境科学学报，2012，32（5）：1253-1260.

⑤ Mao X Q，Zeng A，Hu T，et al. Co-control of local air pollutants and CO_2 in the Chinese iron and steel industry[J]. Environmental Science & Technology，2013，47（21）：12002-12010.

⑥ 马丁，陈文颖. 中国钢铁行业技术减排的协同效益分析[J]. 中国环境科学，2015，35（1）：298-303.

⑦ 高玉冰，毛显强，Gabriel C，等. 城市交通大气污染物与温室气体协同控制效应评价——以乌鲁木齐市为例[J]. 中国环境科学，2014，34（11）：2985-2992.

⑧ Mao X Q，Yang S Q，Liu Q，et al. Achieving CO_2 emission reduction and the co-benefits of local air pollution abatement in the transportation sector of China[J]. Environmental Science & Policy，2012，21：1-13.

⑨ Mao X Q，Zeng A，Hu T，et al. Co-control of local air pollutants and CO_2 from the Chinese coal-fired power industry[J]. Journal of Cleaner Production，2014，67：220-227.

⑩ 毛显强，邢有凯，胡涛，等. 中国电力行业硫、氮、碳协同减排的环境经济路径分析[J]. 中国环境科学，2012，32（4）：748-756.

⑪ 胡涛，毛显强，钱翌，等. 协同控制空气污染物与温室气体——以乌鲁木齐市为案例[M]. 北京：中国环境出版社，2016.

⑫ 生态环境部环境规划院气候变化与环境政策研究中心. 中国城市二氧化碳和大气污染协同管理评估报告[R]. 2020.

Groosman 等[1]采用 APEEP 模型，对 2007 年美国联邦温室气体控制政策法案引起的环境和健康效益进行货币化分析；Kristin 等[2]研究了欧盟 6 种气候变化政策情景带给北欧的大气环境协同效应；Jung 等[3]对韩国首尔 25 个行政区进行了城市空间结构与温室气体（GHG）—大气污染（AP）综合排放的统计模型分析；Shrestha 等[4]采用 MARKAL 模型模拟了泰国 CO_2 减排带来的协同效应；Lü 等[5]以天津市为案例分析了提高集中供热系统能源效率所产生的协同效应。薛文博等[6]研究了电力行业多污染物协同控制与区域复合型大气污染之间的定量关系，评估不同控制情景下的环境质量效益。此外，国内外学者还针对能源税或碳税政策、低碳投资措施等开展了研究。针对大气污染控制政策，国内外学者也开展了大量研究，Chae[7]评估了首尔空气质量管理规划与 CO_2 排放控制措施的协同效应；Petter[8]在一项关于欧洲大气污染政策的研究中，运用 RAINS 模型评估了大气污染物对气候的损失成本，得出大气污染物减排产生的减少气候影响的协同效应。另一项关于西欧的气候政策与避免空气污染控制成本的研究成果[9]指出，减少 CO_2 的排放会同时伴

① Groosman B，Muller N Z，O'Neill-Toy E. The ancillary benefits from climate policy in the United States[J]. Environmental and Resource Economics，2011，50（4）：585-603.

② Kristin R，Nathan R，Stefan A，et al. Nordic air quality co-benefits from European post-2012 climate policies[J]. Energy Policy，2007，12：6309-6322.

③ Jung，Jaehyung，Kwon，et al. Statistical model analysis of urban spatial structures and greenhouse gas（GHG）- air pollution（AP）integrated emissions in Seoul[J]. Nihon Chikusan Gakkaiho，2015，24（3）：303-316.

④ Shrestha R M，Pradhan S. Co-benefits of CO_2 emission reduction[J]. Energy Policy，2010，38：2586-2597.

⑤ Lü S L，Wu Y，Sun J Y. Pattern analysis and suggestion of energy efficiency retrofit for existing residential buildings in China's northern heating region[J]. Energy Policey，2009，57（6）：2102-2105.

⑥ 薛文博，王金南，杨金田，等. 电力行业多污染物协同控制的环境效益模拟[J]. 环境科学研究，2012，11：1304-1310.

⑦ Chae Y. Co-benefit analysis of an air quailty management plan and greeenhouse gas reduction strategies in Seoul metropolitan area[J]. Environment Science & Policy，2010，13（3）：205-216.

⑧ Petter Tollerfsen. Air pollution policies in Europe：efficiency gains from integrating climate effects with damage costs to health and crops[J]. Environmental Science & Policy，2009，12（7）：870-881.

⑨ Nathan Rive. Climate policy in Western Europe and avoided costs of air pollution control[J]. Economic Modelling，2010，27（1）：103-115.

随着大气污染物的排放。国内学者也开展了相关研究，如李敏娇等[1]基于 WRF-CAMx 模型模拟天津市"十三五"期间大气污染防治措施对 $PM_{2.5}$ 浓度改善的贡献，利用排放因子法计算大气污染防治措施对 CO_2 减排的贡献，在此基础上构建了协同效应指数评估污染防治措施对 $PM_{2.5}$ 浓度改善和 CO_2 减排的协同效应。总体而言，由于发展阶段不同，发达国家更关注温室气体减排政策、措施对局地大气污染物减排的协同效应并关注这些政策、措施所带来的健康效益和社会效益，且致力于用货币量化的手段来衡量其大小，并且这些研究的范围较广，从全球层面到国家层面再到城市层面，涵盖的部门也极为广泛，但对局地大气污染物减排政策、措施对温室气体减排的协同效应研究较少。中国、日本等亚洲国家的研究强调气候变化政策和环境污染控制政策的并重，不仅关注"由碳及污"或"由污及碳"的单向协同效益评估，而且更加重视对综合减排技术、措施或政策的协同效益或协同控制评价。

随着协同控制概念的提出及认识的不断深入，国内外学者尤其是中国学者逐步在协同控制及协同控制路径规划方面开展了探索性研究，Bollen 等[2]、Radu 等[3]和 Henneman 等[4]均基于不同政策情景下的协同减排程度，评估政策组合的成本有效性或成本收益，由此探讨最佳碳减排目标或环境规制政策组合的设定。在区域范围层面，李丽平等[5]以攀枝花市和湘潭市为案例评估了案例城市"十一五"

① 李敏娇，李燃，李怀明，等. 天津市"十三五"期间大气污染防治措施对 $PM_{2.5}$ 和 CO_2 的协同控制效益分析[J]. 环境污染与防治，2021，43（12）：1614-1619，1624.

② Bollen J，Hers S，Zwaan B. An integrated assessment of climate change：air pollution and energy security policy[J]. Energy Policy，2010，38（8）：4021-4030.

③ Radu O B，M van den Berg，Z Klimont. Exploring synergies between climate and air quality policies using long-term global and regional emission scenarios[J]. Atmospheric Environment，2016，140：577-591.

④ Henneman L R，F P Rafaj，H J Annegarn，et al. Assessing emissions levels and costs associated with climate and air pollution policies in South Africa[J]. Energy Policy，2016，89：160-170.

⑤ 李丽平，周国梅，季浩宇. 污染物减排的协同效应研究：以攀枝花市为例[J]. 中国人口·资源与环境，2010，20（5）：91-95；李丽平，姜苹红，李雨青，等. 湘潭市"十一五"总量减排措施对温室气体减排协同效应评价研究[J]. 环境与可持续发展，2012，37（1）：36-40.

总量减排措施协同效应；邢有凯[1]进行了北京市"煤改电"工程对大气污染物和温室气体的协同减排效果核算；王敏等[2]以重庆市为案例评价了工业部门污染物治理协同控制温室气体效应；谭琦璐等[3]以京津冀区域为案例计算不同减排措施下能耗、温室气体和污染物排放削减情况及协同减排效应；翁建宇[4]、Dong 等[5]在省级层面开展了相关评估研究；Thambiran 等[6]评估了南非德班工业部门的温室气体和空气污染物协同治理政策，研究发现，当炼油厂从使用重燃料油转向使用富含甲烷的天然气时，可以最大限度地实现两类环境问题的协同减排。在行业层面，顾阿伦等[7]针对电力、钢铁和水泥行业分别进行工程减排、结构减排和监督管理减排效果评估；李媛媛等[8]采用情景分析法对无水印刷技术协同减排污染物与温室气体进行了评估；冯相昭等[9]对交通部门减排效果进行模拟；高玉冰等[10]以中国钢铁行业为研究对象，对典型行业节能减排措施开展协同控制效应评估分析，试图为制定行业局地大气污染物与温室气体协同控制行动方案和规

① 邢有凯. 北京市"煤改电"工程对大气污染物和温室气体的协同减排效果核算[C]//中国环境科学学会 2016 年学术年会，2016.

② 王敏，冯相昭，杜晓林，等. 工业部门污染物治理协同控制温室气体效应评价——基于重庆市的实证分析[J]. 气候变化研究进展，2021，17（3）：296-304.

③ 谭琦璐，杨宏伟. 京津冀交通控制温室气体和污染物的协同效应分析[J]. 中国能源，2017，39（4）：25-31.

④ 翁建宇. 安徽省"十三五"大气主要污染物排放总量预测及减排潜力分析研究[D]. 合肥工业大学，2017.

⑤ Dong H J，Dai H C，Dong L，et al. Pursuing air pollutant co-benefits of CO_2 mitigation in China: a provincial leveled analysis[J]. Applied Energy，2015，144：165-174.

⑥ Thambiran T，Diab R D. Air quality and climate change co-benefits for the industrial sector in Durban，South Africa[J]. Energy Policy，2011，39（10）：6658-6666.

⑦ 顾阿伦，滕飞，冯相昭. 主要部门污染物控制政策的温室气体协同效果分析与评价[J]. 中国人口·资源与环境，2016（2）：10-17.

⑧ 李媛媛，王敏燕，李丽平，等. 无水印刷技术协同减排污染物与温室气体案例评估[J]. 气候变化研究进展，2021，17（3）：289-295.

⑨ 冯相昭，赵梦雪，王敏，等. 中国交通部门污染物与温室气体协同控制模拟研究[J]. 气候变化研究进展，2021，17（3）：279-288.

⑩ 高玉冰，邢有凯，何峰，等. 中国钢铁行业节能减排措施的协同控制效应评估研究[J]. 气候变化研究进展，2021，17（4）：388-399.

划提供依据；何峰等[①]开展了中国水泥行业节能减排措施的协同控制效应评估研究；邢有凯等[②]通过构建"CGE-CIMS 联合模型"，对中国交通行业实施环境经济政策的局地大气污染物和 CO_2 协同控制效应进行了量化评估，并提出了聚焦高排放交通工具、以补贴低碳交通方式配合绿色税制改革，以及电力行业低碳发展等交通行业实施环境经济政策的配套措施建议。越来越多的学者通过研究对达成协同控制的可能性形成共识，即传统大气污染物与温室气体的排放大多来自化石燃料的燃烧，因而具有同源性。但是，并非所有的碳减排措施都有利于局地大气污染物的减排，也并非所有的局地大气污染物减排措施都有利于温室气体减排，末端控制措施在减排温室气体与局地大气污染物时存在"跷跷板"效应。所以只有选择适当的减排措施，制定有效的规划，才能"一石二鸟"地减排全球和局地两类污染物，提高综合减排效益。

近年来，除关注常规意义上的控制空气污染和减缓气候变化带来的效益以外，协同效应评价研究还逐步扩展到其他领域的效益，包括生态效益、健康效益、经济效益、社会效益等。从健康效益来看，多数研究是围绕协同减排空气污染物所带来的减少疾病和人口死亡等健康效益，如 Wilkinson 等[③]指出，在印度全国实施促进现代低排放炉灶技术的计划，可以带来显著的健康效益；Jamison 等[④]评估了在世界不同地区实施的旨在减少使用固体燃料做饭或取暖造成的室内空气污染等特定干预措施的实施成本及其健康效益，研究结果表明，只要能够大幅减少在室

① 何峰，刘峥延，邢有凯，等. 中国水泥行业节能减排措施的协同控制效应评估研究[J]. 气候变化研究进展，2021，17（4）：400-409.

② 邢有凯，刘峥延，毛显强，等. 中国交通行业实施环境经济政策的协同控制效应研究[J]. 气候变化研究进展，2021，17（4）：379-387.

③ Wilkinson P，Smith K R，Davies M，et al. Public health benefits of strategies to reduce greenhouse-gas emissions：household energy[J]. The Lancet，2009，374（9705）：1917-1929.

④ Jamison D T，Breman J G，Measham A R，et al. Disease control priorities in developing countries[M]. The World Bank，2006.

内空气污染中的暴露，这些干预措施就具有成本有效性；Liu 等[①]研究了苏州在综合 CO_2 减排情景下，2020 年实施温室气体政策可以让与空气污染有关的伤残调整寿命年（DALY）比基准情景减少 44.1%。此外，协同效应评价研究还从单一的大气污染防治与气候变化应对逐步扩展到评估与生态保护、固体废物管理、水污染治理、移动源污染控制等其他行业的相互影响。生态保护方面，在联合国促进生态系统减排增汇的行动倡议（UN-REDD 计划、REDD+伙伴关系）框架下，UNEP 世界保护监测中心（UNEP-WCMC）在全球各地开展了诸多兼顾生态系统保护与社区效益的减排增汇项目，覆盖柬埔寨、厄瓜多尔、尼日利亚、坦桑尼亚等国家；通过全球森林碳储量分布地图分析并评估了森林碳减排与自然保护区管理、生态资源压力之间的关系，指出改善森林碳排放管理能够实现与生物多样性有关的大量协同效益。固体废物管理方面，日本、孟加拉国和印度尼西亚的经验表明，废弃物管理解决方案虽然通常旨在增加当地社区的福祉、改善环境，但是也能提高对气候变化的认识并扩大碳融资流量，废弃物管理行业在实现气候和发展的协同效应方面具有显著的潜力。水污染治理方面，付加峰等[②]对城镇污水处理厂污染物去除协同控制温室气体进行了研究，提出了城镇污水处理厂污染物去除协同控制温室气体的核算边界、协同机制和核算方法，并通过实例进行验证分析，给出了如何核算污染物去除的协同控制效应和协同程度。在移动源方面，黄莹等[③]以广州市为例，在分析交通领域 2010—2019 年排放特征基础上，采用情景分析的方法，利用减排量弹性系数和协同控制效应坐标，系统分析了交通领域 16 项减排措施的 CO_2 和大气污染物协同控制效应。

① Liu M M，Huang Y N，Jin Z，et al. Estimating health co-benefits of greenhouse gas reduction strategies with a simplified energy balance based model：the Suzhou City case[J]. Journal of Cleaner Production，2017，142：3332-3342.

② 付加峰，冯相昭，高庆先，等. 城镇污水处理厂污染物去除协同控制温室气体核算方法与案例研究[J]. 环境科学研究，2021，34（9）：2086-2093.

③ 黄莹，焦建东，郭洪旭，等. 交通领域二氧化碳和污染物协同控制效应研究[J]. 环境科学与技术，2021，44（7）：20-29.

1.3.4 协同效应文献综述小结

通过以上对污染物减排与温室气体减排的协同效应文献综述可以看出，近年来关于协同效应的研究逐渐增多，特别是 2020 年 9 月中国宣布碳达峰、碳中和目标后，有关协同效应的文章短时间内大量增加，有如下几个特点：一是从研究方向上来看，减少温室气体排放措施对传统污染物减排的协同效应的相关研究相对较多，而针对传统污染物减排措施对温室气体排放的协同效应研究相对较少，且国际上大多都倾向于前者，而中国国内则倾向于后者；二是从研究属性上来看，传统污染物减排措施对温室气体排放的协同效应主要针对的是健康效益和成本等问题研究，即货币化协同效应研究较多，而真正考虑对传统污染物影响的较少，也就是说，物质化协同效应研究较少；三是从研究方法上来看，通过模型模拟的多，具体计算的少，这样由于各地因子不同、损害量化标准不同，量化结果差异非常大，也不具有可比性，从方法论本身来看，也很不成熟；四是从研究运用角度上来看，纯粹的科学研究较多，用于政策参考或决策的较少。为此，本研究基于城市层面、行业层面和政策层面的污染物减排对温室气体减排的协同效应评价和对政策改善提出建议具有重要意义。

1.4 研究目的

"中日污染减排与协同效应研究示范项目"的主要目的是落实 2007 年 12 月中国国家环境保护总局和日本环境省签署的《中国国家环境保护总局和日本环境省关于合作开展协同效应研究与示范项目的意向书》，将解决国内的环境污染问题与解决全球气候变化问题结合起来，为有效协调中国生态环境保护政策与气候变化政策提供决策参考。具体目的包括以下 3 个层面：

宏观研究层面：开发污染物总量减排措施对温室气体减排的协同效应评价方法，开展示范城市"十一五"至"十三五"污染物总量减排措施对温室气体减排的协同效应评价研究，总结、推广示范城市的经验和范例。

示范城市层面：通过加强技术交流和能力培训，实际参与中日污染减排的协同效应研究，提高示范城市总体环境管理水平。

微观企业及技术点层面：选择烧结、余热余压综合利用、水泥窑协同处置、煤电超低排放、石化和印刷等领域，开展技术培训和生态环境管理对话，开发有代表性的合作项目等。

总之，通过此项目解释或回答以下问题：中国示范城市、行业等污染减排措施对减缓全球气候变化的协同效应和贡献有多大？协同效应的主要来源是什么？如何从政策上有效利用协同效应？

1.5　技术路线和内容结构

本研究主要采用定量研究，同时采用案例分析、政策分析、比较分析等相结合的研究方法。

具体技术路线上，本研究从协同效应的内涵出发，对现有气候变化和污染控制政策进行评价分析，对协同效应相关技术进行具体描述；然后提出本研究协同效应评价方法，并对攀枝花市和湘潭市两个示范城市案例以及煤炭总量控制政策案例及水泥、印刷行业案例进行具体量化评价和计算；最后得出结果并提出政策建议。这个思路如图 1-3 所示。

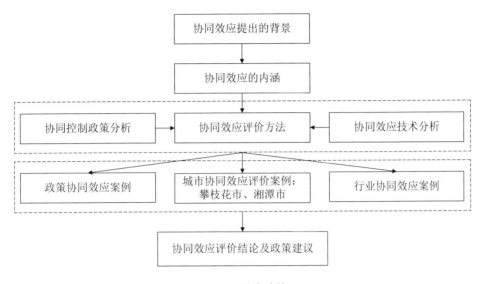

图 1-3　技术路线

　　全书共 11 章，第 1 章是引言，介绍开展协同效应评价的背景、意义、文献综述、研究目的等。第 2 章是协同效应的内涵，在归纳总结协同效应文献基础上，提出本项目协同效应评价的方向和内涵。第 3 章是协同效应的政策分析。第 4 章是协同效应的技术分析，从钢铁、电力、水泥等不同行业现有的协同效应技术进行评价和分析。第 5 章是协同效应评价方法。第 6 章和第 7 章分别以攀枝花市和湘潭市为案例，利用上述评价方法进行具体的协同效应评价。第 8 章以水泥行业开展协同处置废弃物为案例进行行业协同效应评价。第 9 章以无水印刷技术为案例进行污染物与温室气体协同减排案例评估。第 10 章基于煤炭总量控制开展政策协同效应评价。第 11 章基于以上分析提出从协同效应走向协同控制的政策建议。

2

协同效应的内涵

"协同效应"原本为一种物理化学现象，又称增效作用，是指两种或两种以上的组分相加或调配在一起，所产生的作用大于各种组分单独应用时作用的总和，简单地说，就是"1+1>2"的效应。协同效应常用于指导化工产品各组分组合，以求得最终产品性能增强。1971年，德国物理学家赫尔曼·哈肯提出了协同的概念，1976年系统地论述了协同理论，并发表了《协同学导论》等著作。协同论认为整个环境中的各个系统间存在着相互影响而又相互合作的关系。这里的"协同效应"术语对应着英文的"synergy effects"。之后，协同效应被医药、水产、教育、军事、商业、企业管理、传媒等多个自然或社会领域所应用。随着气候变化谈判的升温和研究的深入，气候变化领域的协同效应概念逐渐被提出。本书仅指污染物与温室气体减排的协同效应。

2.1 国际协同效应的内涵

本书的协同效应英文单词指"co-benefits"，而非"synergy effects"。2001年，《IPCC第三次评估报告》开始正式使用"co-benefits"一词，对气候变化"协同效应"做了如下定义：由于各种原因同时执行政策的效益，包括减缓气候变化。它表明大多数为减排温室气体而制定的政策也都有其他同等重要的理由（例如，与发展、可持续性和公平相关的目标）。这里英文用了"co-benefits"一词，虽然其正式中文翻译不是"协同效应",而是"共生效益",但是意思相近,而其与温室气体①减排政策的"辅助效益"(ancillary benefits)差别很大(TAR-WG3)。辅助效益是指特定的气候变化减缓政策产生的辅助或附带效益。"共生效益"一词用法则更广泛,既表示正效益,也表示负效益。另见辅助收益②。协同效应的意思是产生的这些效益是在政策设计之初就被明确纳入,而且大多数为减排温室气体而设计的政策还具有其他重要的效益,如发展效益、可持续效益、平等效益等。《IPCC第五次评估报告》将政策或措施的正面附加影响界定为"协同效益",将负面附加影响界定为"负面效应"。

随后,一些国家或国际组织开始开展关于"协同效应"的研究和活动,"协同效应"所对应的英文单词都是"co-benefits",但有着不同的内涵。OECD 认为,"协同效应"指温室气体减缓政策制定中,明确考虑了影响,并把影响货币化了的部分。美国国家环境保护局的《综合环境战略手册》中提出"协同效应包括由于当地采取减少大气污染和相关温室气体的一系列政策措施所产生的所有正效益"。日本地球环境战略研究所(IGES)的《IGES 白皮书 2008》中提出"在亚洲,协同效应是在局地水平上通过所希望的可持续发展得到的额外效益,如空气质量与水质的改善、能源安全保障的强化、交通状况的改善等,并且这些是必须附随在交通、农业、林业、工业及基础设施等各个部门的气候变化政策中的"。日本国际协力机构(JICA)在《协同效应型气候变化对策与 JICA 的协力》中指出,协同效应型气候变化对策是同时贡献于发展中国家的可持续发展与气候变化对策的行

---

① 温室气体:在《京都议定书》中二氧化碳(CO_2)、甲烷(CH_4)、一氧化二氮(N_2O)、氢氟碳化合物(HFCs)、氟化碳(PFCs)、六氟化硫(SF_6)这 6 种气体被认定为减排对象气体。

② IPCC AR4-中文综合报告第 79 页。IPCC AR4-wg3-7 第 484 页英语原文:The TAR explained that "co-benefits are the benefits from policy options implemented for various reasons at the same time,acknowledging that most policies resulting in GHG mitigation also have other,often at least equally important,rationales"(IPCC,2001a)。In this report sometimes the term "co-benefits" is also used to indicate the additional benefits of policy options that are implemented for various reasons at the same time,acknowledging that most policies designed to address GHG mitigation also have other,often at least equally important,rationales,e. g.,related to objectives of development,sustainability and equity. The benefits of avoided climate change are not covered in ancillary or co-benefits.

动，是以实现发展效益与气候效益两者为目的的。协同效应措施在广义上包含减排措施与适应措施。亚洲城市清洁空气行动（CAI-Asia）把协同效应解释为一个混合体，认为协同效应是针对空气污染、能源供给、气候变化制定的一套综合的方式，同时认为一些其他非指定的效益也出现了，如改善交通、城市规划、减少对人体健康和农业的影响、改善经济或者减少总体的政策实施成本。欧洲环境局（EEA）遵从了 IPCC 对协同效应的定义，并且强调了针对空气污染与气候变化的协同控制战略中资源有效利用的重要性。具体内容见表 2-1。

表 2-1　不同国家和机构"协同效应"的内涵

机构	出版物/时间	协同效应的内涵
政府间气候变化专门委员会（IPCC）	《IPCC 第三次评估报告》/2001 年 《IPCC 第四次评估报告》/2007 年 《IPCC 第五次评估报告》/2014 年	《IPCC 第三次评估报告》的 7.2.2.3 中指出，"co-benefits"是指减缓温室气体排放的政策所产生的非气候效益，并且这些效益是明确包含在最初制定的减缓排放政策之中的。它反映了多数针对减缓温室气体排放的政策，也同时拥有其他根本理由，而且这些理由通常与减缓排放二氧化碳至少有同样的重要性，并且它们在政策制定之初就被包括在内（如与发展、可持续性和公平性相关的各项目标）。 温室气体减排政策的"辅助效益"包括气候变化减缓政策的次级作用以及副作用，它出现在被提议的温室气体减缓政策之后。这包括因减少化石燃料燃烧带来的局地或者区域大气污染的改善；对交通、农业、土地利用、就业、能源保障的间接作用。有时一些效益被称为"辅助影响"（ancillary impacts），这反映在某些情况下效益是"负的"。从减轻局地大气污染的政策来看，减缓温室气体排放可以是一个辅助效益。 协同效应：无论对整体社会福祉的实质影响如何，达成某个目标的政策或对策可能对其他目标产生积极的效果。根据当地的实际情况与正在实施中的举措等其他因素，协同效应经常具有不确定性。协同效应也被称为辅助效益。 气候变化减缓对策与其他社会目标有交叉时，可能会产生协同效应或不利影响。但是，如果能够很好地利用这些交叉点，就可以巩固气候相关活动实施的基础

机构	出版物/时间	协同效应的内涵
美国国家环境保护局（U.S.EPA）	*Integrated Environment Strategies Handbook*/2004 年 12 月	"协同效应"是指通过一项或一套措施所产生的两个或者更多效益。协同效应通常有：①因减少局地大气污染而产生的健康及经济效益；②减少污染物排放所关联的温室气体减排。该定义是一个较为宽泛的释义，并把从政策措施产生的任何积极的效益都认为是政策的"协同效应"，条件是温室气体减排是所达成的效益之一
日本环境省	2008 年	环境污染控制领域的协同效应可使发展中国家在进步的同时减少温室气体的排放
日本地球环境战略研究所（IGES）	《IGES 白皮书 2008》/2008 年	在地方层面上通过适当的可持续发展所产生的额外效益，如空气质量与水质的改善、能源安全保障的强化、交通混乱的改善等，并且这些是必须随附在交通、农业、林业、工业及基础设施等各个行业的气候变化政策中的
日本国际协力机构（JICA）	《协同效应型气候变化对策与 JICA 的协力》/2008 年 6 月	协同效应型气候变化对策是同时贡献于发展中国家的可持续发展与气候变化对策的行动，是以实现发展效益与气候效益两者为目的的。在广义上，协同效应对策包含减排措施与适应措施两者。但是，在减排措施方面，与发展效益不同，全体地球系统的构成者是气候效益的受益者，因此相应的发展中国家很难实际感受到气候效益。这是在考虑发展中国家的减排措施中必须注意的，也是减排措施中协同效应型措施被特别重视的理由
日本海外环境协力中心	Co-benefit approach 主页①	协同效应途径是指实施气候变化对策的同时，对于发展中国家开展可持续发展事业有着促进作用的手法。特别是在关注社会经济开发的实现与环境问题的改善的发展中国家，协同效应途径的目标是同时解决地球规模的气候变化对策与国内或者地方层面问题（如严重的环境问题）。 协同效应途径在推进发展中国家的可持续发展与气候变化对策的同时，可以促进发展中国家形成积极的、有较高实效性的气候变化对策
经济合作与发展组织（OECD）	*Co-benefits of Climate Change Mitigation Policies*/2009 年	作为气候变化政策具有协同效应的局地污染控制，会在近期获得收益，而缓和气候变化的效益则出现在遥远的未来，所以通过抵消减排温室效应气体的近期成本，协同效应提供一些参加减缓气候变化协议的鼓励因素。 除了直接的气候影响效益以外，气候变化减缓政策还会产生其他广泛而深入的效益。视具体情况而定，如针对清洁能源技术或提高能效的政策很可能使地方局部或室内空气质量改善，从而减少人体健康风险。这些并行的效益被称为气候减缓政策的协同效益

---

① Co-benefit approach 主页（http://www.kyomecha.org/cobene/index.html）。

机构	出版物/时间	协同效应的内涵
欧盟环境局（EEA）	EEA 与 GreenFacts 网页①	（EEA）减排的协同效应：减排措施也可以有其他社会效益，例如因减少大气污染节约健康成本。然而在整个国家或者国家集团的减排可能会在别处导致更高排放或者影响全球经济。（GreenFacts）减排措施不仅可以帮助减少或者延迟气候变化的影响，也有其他有益的作用，例如在能源利用以及减少局地大气污染方面。通过减少温室气体排放产生的减少大气污染的效果，可以产生可持续的健康效益，并且可以因此抵消一部分削减成本
亚洲城市清洁空气行动（CAI-Asia）	CAI-Asia 网页②/ 2010 年 4 月	CAI-Asia 所指的"协同效应"是：①一个综合途径，有益于管理气候变化、能源及大气污染，并且可以提供多样的效益（"协同效应"），如减少大气污染物排放以及相应地减小健康风险与气候风险，加强能源安全保障与大幅降低成本。②协同效应途径是IPCC 提倡的，《IPCC 第四次评估报告》中指出"综合减少大气污染与减缓气候变化的政策与单独的那些政策相比，可以提供大幅削减成本的潜力"

资料来源：作者整理。

从以上对协同效应内涵的讨论来看，协同效应的研究和内涵适用于非气候变化领域及与气候变化相关领域两个方面。非气候变化领域包括环境化学等自然科学领域及企业管理等社会经济领域。与气候变化相关领域又可以归类为货币化和物质化两类。其中，货币化角度包括实施与气候变化相关的政策对人体健康、农业以及其他社会经济产生的效益。这种效益和影响一般是单向的。物质化角度包括实施与气候变化相关的政策对环境介质，如大气污染物、水污染物、固体废物等污染物以及生态环境产生的影响和效益。而具体到物质化的协同效应，一般是双向的，既可以是与气候变化相关的政策对环境介质的影响效应，也可以是对环境介质和污染物采取的政策措施对气候变化所产生的影响。

在气候变化领域，根据以上各机构赋予协同效应的内涵来看，《IPCC 第三次评估报告》提出的协同效应内涵既包括物质化也包括货币化，比较宽泛，是一个

---

① EEA 与 GreenFacts 网页（http://www.eea.europa.eu/themes/climate/faq/what-actions-can-be-taken-to-reduce-greenhouse-gas-emissions；http://www.greenfacts.org/en/climate-change-ar4/l-2/8-mitigation-emission-reduction.htm#3）。

② CAI-Asia 网页（http://cleanairinitiative.org/portal/node/3965）。

一般意义上气候变化领域对协同效应的理解，包括社会、经济、环境等多种效益，但没有专门针对气候变化和环境保护关系间的效益。OECD 关于协同效应的概念只是强调了温室气体减排以及货币化。美国国家环境保护局提出的协同效应定义虽然一方面包括因减少局地大气污染而产生的健康及经济效益；另一方面包括减少污染物排放所关联的温室气体减排，但是只是强调了减排措施带来的货币化效益，而且在地方污染控制方面只包括了大气污染，没有包括与温室气体碳汇密切相关的生态建设。欧盟环境局、亚洲城市清洁空气行动等提出的主要是减缓气候变化政策所带来的健康收益，因此，主要是从货币化角度所进行的考虑。日本相关机构的协同效应概念则更侧重地域或具体目的的研究，没有特别强调货币化收益。

2.2 中国及本书中协同效应的内涵

理解和认识污染物与温室气体减排相关的协同效应经历了三个发展阶段。

第一阶段是开始认识到，减少碳排放可以同时对传统污染物产生协同效益或者实施污染治理可以同时额外减少碳排放，主要集中在环境效益。例如，2000 年 3 月 OECD 和 IPCC 在美国首都华盛顿召开"温室气体减排成本与附属效益国际研讨会"，首次尝试分析同时实施原来单独进行的减缓气候变化的措施和传统大气污染物减排措施时，两者之间科学上的关联性和实施中减少的成本等。这一尝试此后也被 IPCC 评估报告所继承。《IPCC 第二次评估报告》使用了次生效益、伴生效益等概念，描述了在控制温室气体的同时所产生的局地大气污染物减排效益。《IPCC 第三次评估报告》首次明确提出了协同效益/协同效应的概念，即温室气体减排政策的非气候效益。

第二阶段是认识到，减少碳排放不仅能够减少污染物排放，或者控制污染物排放不仅能够减少温室气体排放，而且都能产生健康效益和降低成本，即除了环境效益外，还能产生社会效益和经济效益。《IPCC 第四次评估报告》指出，"综合减少大气污染与减缓气候变化的政策与单独的那些政策相比，可以提供大幅削减成本的潜力"。很多文献指出，当通过一项技术或者政策方案的组合来同时解决污染物减排和温室气体减排时，考虑协同效应和避免权衡取舍，会潜在减少成本、增加额外效益。额外效益主要为其他环境效益及经济效益和社会效益，包括有益于人体健康、减少污染物排放、减少废弃物、降低运行费用等。

第三阶段是在通过污染物减排与碳减排产生环境及经济社会等各种协同效益的基础上，开展协同控制和治理。比较有影响的是美国国家环境保护局在十几个国家开展的综合环境政策项目（IES）。协同控制已被纳入联合国可持续发展目标（SDGs）。SDGs 具体明确了包括清洁能源、消费和生产、可持续城市和社区、气候行动在内的 17 项目标，将环境成本等与气候变化控制目标融合在一起，协同控制成为实现 SDGs 的重要途径。此外，从协同效益到协同控制，实现了协同减排温室气体和污染物从学术研究到政策应用的跃进，这一点充分体现在中国的相关法律和各级政府的政策文件中。

尽管中国与国际上对协同效应的理解和研究基本同步，但是内涵有一定的差别。国际上首先是认识到温室气体减排的次生效益与伴生效益，其次开始认识到大气污染控制与温室气体的双向协同效应，最后开始追求协同效应最大化的协同控制措施的选取与设计[①]。

关于协同效应的内涵，中国环境保护部环境与经济政策研究中心（现生态环境部环境与经济政策研究中心）2003 年提出应包括两个方面：一方面是在控制温室气体排放的过程中减少其他局域污染物排放（如 SO_2、NO_x、CO、VOC 及 PM 等）；另一方面，在控制局域的污染物排放及生态建设过程中同时也可以减少或者吸收 CO_2 及其他温室气体排放。这一内涵主要是从物质化角度考虑了协同效应。如图 2-1 所示。

---

① 胡涛，田春秀，毛显强. 协同控制：回顾与展望[J]. 环境与可持续发展，2012，1：25-29.

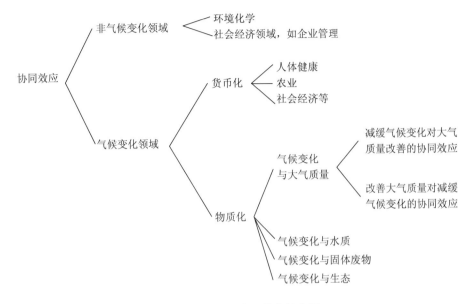

图 2-1　中国协同效应的内涵

"协同效应"从概念到实践是一个不断发展和完善的过程，各阶段没有明显的时间界限。目前，关于第二、第三阶段的研究均在进行中，而随着研究的深入，协同控制的环境—经济—社会综合效应分析将成为研究的新重点，又同时反向服务于推动协同控制技术及政策的发展。

随着认识的不断深入，中国气候变化的协同效应的定位和作用也发生了深刻变化。从对污染物和温室气体分别双向考虑，到 2016 年《中华人民共和国大气污染防治法》中对污染物与温室气体协同控制提出明确要求，到把碳达峰、碳中和纳入生态文明建设整体布局，再到将减污降碳协同增效作为促进经济社会发展全面绿色转型的总抓手，应该说，污染物与温室气体的协同效应已经被提升和强化为国家意志。协同效应不仅仅是气候变化与生态环境保护之间的环境效益的协同，也包括与经济效益和社会健康效益等各方面的全面协同。

为产生协同效应而主动采取的法律、政策、规划、技术等相关手段和措施被称为协同控制。协同控制是手段和过程，协同效应是目的和结果。实施协同控制的主体既包括政府，也包括企业和社会。从范围上来讲，协同控制的主体既包括国家，也包括区域、城市、工业区等。

本书所研究的协同效应内涵具体指"与气候变化领域相关的、物质化的、一定时期内治理大气污染物措施对温室气体减排所产生的影响或作用"。具体以上述协同效应的第二、三、四阶段为主。需要说明的是，本书所涉及的"协同效应"采用的是英文"co-benefits"一词。之所以用"协同效应"而非"协同效益或共生效益"，主要是基于如下考虑：一是本研究的主要目的是落实2007年12月中国国家环境保护总局和日本环境省签署的《中国国家环境保护总局和日本环境省关于合作开展协同效应研究与示范项目的意向书》。该意向书中文版本所采用的中文词语是"协同效应"，英文是"co-benefits"。二是考虑到"协同效应"较中性，而"协同效益"或"共生效益"更强调正面的、积极的影响，而实际上根据政策和实际经验来看，污染减排对温室气体减排的影响和作用既有正面影响也有负面影响。三是这里的协同效应既包括空间尺度的效应，例如，全球温室气体层面的以及区域和地方层面的，也包括时间尺度的效应，例如，"十一五"和"十二五"期间这样的时间范围，而且更加强调的是全球温室气体和地方污染物层面的关系。而"效益"则对空间尺度的反映较弱，更多强调的是时间尺度的收益，既包括当前的可见收益，也包括未来的预期收益。四是协同效应既可以反映物质化的效果，也可以反映非物质化或货币化的效果，但协同效益则更强调货币化的效果。而本书所研究的内容和方法较少涉及货币化的效果，更多的是研究对污染物及温室气体减排量本身的物质化的考量。

3

中国传统大气污染物与温室气体协同控制政策分析

本书中的协同效应主要是指对当地传统大气污染物进行控制的同时对全球温室气体减排产生的协同效应。协同控制政策主要是指同时控制传统大气污染物排放与温室气体减排的政策。协同控制政策的制定是以存在正协同效应为基础,制定和实施协同控制政策的目的也是实现协同效应。

3.1　中国传统大气污染物与温室气体协同控制政策的发展历程

中国协同控制政策的发展大体分为三个阶段。

第一阶段为前协同阶段(2016 年以前)。此阶段,中国尚未形成系统的传统大气污染物与温室气体协同控制政策,但进行了有益探索,相关政策也产生了一定的协同效应。例如,中国提出"五位一体"的国家发展总体布局,使生态文明建设与经济建设、政治建设、文化建设、社会建设协调发展,从源头推动协同。《国民经济和社会发展"十一五"规划纲要》同时提出两个能源环境约束性指标,"单位国内生产总值能源消耗比'十五'期末降低 20%,二氧化硫和化学需氧量等主要污染物排放总量比'十五'时期减少 10%";《国民经济和社会发展"十二五"规划纲要》确定的考核指标包括"单位国内生产总值能源消耗降低 16%,单位国内生产总值二氧化碳排放降低 17%。主要污染物排放总量显著减少,化学需氧量、二氧化硫排放分别减少 8%,氨氮、氮氧化物排放分别减少 10%"。但在该阶段,虽然规定了传统污染物和温室气体的指标，却未明确强调二者的协同，相关具体落实政策都是分别考虑，未对减排温室气体进行规定。只有零星政策对污染物和温室气体的协同减排做出规定。例如，2015 年实施的环境保护部、国家发展改革委《关于贯彻实施国家主体功能区环境政策的若干意见》提出，"积极推进火电、钢铁、水泥等重点行业大气污染物与温室气体协同控制"。2012 年实施的《环境保护部关于加快完善环保科技标准体系的意见》提出，"加强不同污染物之间及其与温室气体协同控制关键技术研发，实现节能降耗、污染物减排与温室气体控制的协同增效"。总体来看，这一阶段中国以削减主要污染物排放总量，改善环境质量为主，以工业污染防治为环境保护工作的重点任务。相关政策主要涉及能源、大气等政策。这些政策设计之初，没有明确把降碳作为直接政策目标，但是具有间接降碳效果，为减污降碳协同控制奠定了较好基础①。

第二阶段为开展协同控制阶段（2016—2020 年）。其主要特点是国家开始考虑传统污染物总量控制与温室气体减排的协同效应，国家法律法规、政策文件、部门规章等开始将协同控制作为目标和原则性规定，并在体制机制上进行调整。一是将协同控制传统大气污染物与温室气体减排写入国家法律政策。2016 年 1 月 1 日正式实施的《中华人民共和国大气污染防治法》将传统污染物与温室气体协同控制作为重要原则和要求明确提出，这是中国首次在国家法律中写入"协同控制"。国家及其有关部门发布了相关文件将污染物与温室气体协同减排作为指导思想或基本目标。传统污染物治理和温室气体控制两方面的政策中都体现了相互协同控制。例如，国务院印发的《"十三五"控制温室气体排放工作方案》《打赢蓝天保卫战三年行动计划》，均将协同控制温室气体和大气污染物作为总目标和总要求。此外，部门层面在协同治理技术和政策措施方面也充分体现了协同控制思想，例如，生态环境部出台的《关于印发〈重点行业挥发性有机物综合治理方案〉的通知》（环大气〔2019〕53 号）、《工业企业污染治理设施污染物去除协同控制温

---

① 董战峰，周佳，毕粉粉，等. 应对气候变化与生态环境保护协同政策研究[J]. 中国环境管理，2021，13（1）：25-34.

室气体核算技术指南（试行）》（环办科技〔2017〕73号）等均将协同控制温室气体排放作为主要目标。2019年首次在《中国生态环境状况公报》中纳入控制温室气体排放相关数据信息。二是在体制机制协调方面实现传统大气污染物与温室气体减排协同。2018年印发的《深化党和国家机构改革方案》把国家发展改革委的应对气候变化和减排职责划入新组建的生态环境部，为实现应对气候变化与环境污染治理的协同增效提供了体制机制保障。截至2021年1月，全国各省（区、市）生态环境部门已完成应对气候变化职能调整工作（表3-1），其中约1/4的省（区、市）单独设立了应对气候变化处，具体负责应对气候变化、温室气体减排及国际履约等工作；多数省（区、市）是将应对气候变化与碳减排等工作纳入大气环境管理处室职能，或纳入对外合作处室职能。总体来看，各省（区、市）在机构设置上控制大气污染物减排与温室气体减排的协同性较高，更多地考虑了二者的协同作用。

表3-1 各省（区、市）生态环境部门应对气候变化部门设立情况

序号	省（区、市）	处室名称	人数	是否（1/0）单设处室
1	北京	科技与国际合作处（应对气候变化处）	4	0
2	天津	应对气候变化处	5	1
3	河北	应对气候变化与对外合作处	5	0
4	山西	应对气候变化（对外合作）处	3	0
5	内蒙古	应对气候变化与国际合作处	4	0
6	辽宁	大气环境与应对变化处	3	0
7	吉林	应对气候变化处	4	1
8	黑龙江	应对气候变化处	3	1
9	上海	大气环境与应对气候变化处	3	0
10	江苏	应对气候变化处（对外合作处）	6	0
11	浙江	综合规划处	3	0
12	安徽	大气环境处（承担应对气候变化相关工作）	6	0
13	福建	大气环境处（承担应对气候变化相关工作）	7	0
14	江西	应对气候变化处	3	1
15	山东	应对气候变化处	4	1
16	河南	大气环境处（应对气候变化处）	2	0

序号	省（区、市）	处室名称	人数	是否（1/0）单设处室
17	湖北	气候处	4	1
18	湖南	大气环境与应对气候变化处	2	0
19	广东	应对气候变化与交流合作处	5	0
20	广西	应对气候变化与区域合作处	3	0
21	海南	应对气候变化与科技财务处	3	0
22	重庆	总量与排放管理处（应对气候变化处）	5	0
23	四川	应对气候变化与对外合作处	3	0
24	贵州	大气环境与应对气候变化处	3	0
25	云南	大气环境处	3	0
26	西藏	水与大气环境处	2	0
27	陕西	排污许可管理处（应对气候变化处）	3	0
28	甘肃	气候处	4	1
29	青海	污染物排放总量控制处（挂应对气候变化办公室牌子）	3	0
30	宁夏	大气环境处（应对气候变化处）	2	0
31	新疆	应对气候变化处	4	1

资料来源：作者收集整理。

第三阶段为减污降碳协同治理阶段（2020 年 9 月以后）。从此阶段开始，传统污染物减排和温室气体减排的协同控制进入快车道。2020 年 9 月 22 日，习近平主席在联合国第七十五届大会一般性辩论上，向世界做出了"二氧化碳排放力争于 2030 年前达到峰值、努力争取 2060 年前实现碳中和"的重大宣示。之后他在气候峰会等多个国际场合强调此目标，并宣布了提高中国国家自主贡献的一系列新目标、新举措、施工图。2020 年 12 月 16—18 日的中央经济工作会议，提出"要继续打好污染防治攻坚战，实现减污降碳协同效应"。2021 年 3 月 15 日，习近平总书记主持召开中央财经委员会第九次会议时强调①，实现碳达峰、碳中和是一场广泛而深刻的经济社会系统性变革，要把碳达峰、碳中和纳入生态文明建设总体布局。要实施重点行业领域减污降碳行动，工业领域要推进绿色制造，建

---

① 习近平主持召开中央财经委员会第九次会议强调，推动平台经济规范健康持续发展，把碳达峰碳中和纳入生态文明建设整体布局[EB/OL]. 人民网，2021-03-15，http://politics.people.cn/n1/2021/0315/c1024-32052023. html.

筑领域要提升节能标准，交通领域要加快形成绿色低碳运输方式。此外，协同控制政策开始在多方面的政策中体现。2021 年 4 月 30 日，习近平总书记主持中共中央政治局第二十九次集体学习时强调："'十四五'时期，我国生态文明建设进入了以降碳为重点战略方向、推动减污降碳协同增效、促进经济社会发展全面绿色转型、实现生态环境质量改善由量变到质变的关键时期。""要把实现减污降碳协同增效作为促进经济社会发展全面绿色转型的总抓手，加快推动产业结构、能源结构、交通运输结构、用地结构调整。"2022 年 1 月 24 日，习近平总书记在主持中共中央政治局第三十六次集体学习时又强调："要把'双碳'工作纳入生态文明建设整体布局和经济社会发展全局，坚持降碳、减污、扩绿、增长协同推进。"具体政策方面，2021 年 1 月 11 日，生态环境部印发《关于统筹和加强应对气候变化与生态环境保护相关工作的指导意见》（环综合〔2021〕4 号），从具体措施上推动减污降碳协同控制。

3.2 中国现有协同控制政策分析

经过不断推动和发展，中国已经形成从宏观政策、法律法规、部门规章、地方层面等多角度推动传统大气污染物与温室气体协同减排的政策体系。

3.2.1 法律法规

中国传统污染物与温室气体减排的协同控制已经在法律法规中予以明确。

2016 年 1 月 1 日正式实施的《中华人民共和国大气污染防治法》在第一章总则第二条中明确指出"防治大气污染，应当加强对燃煤、工业、机动车船、扬尘、农业等大气污染的综合防治，推行区域大气污染联合防治，对颗粒物、二氧化硫、氮氧化物、挥发性有机物、氨等大气污染物和温室气体实施协同控制"。在 2018 年的《中华人民共和国大气污染防治法》修订版，也就是现行实施版本中仍然保留了此原则。

《中华人民共和国国民经济和社会发展第十四个五年规划和2035年远景目标纲要》第三十八章"持续改善环境质量"明确指出，"深入打好污染防治攻坚战，建立健全环境治理体系，推进精准、科学、依法、系统治污，协同推进减污降碳，不断改善空气、水环境质量，有效管控土壤污染风险"。

国务院2018年6月印发的《打赢蓝天保卫战三年行动计划》将"大幅减少主要大气污染物排放总量，协同减少温室气体排放"作为总体要求和目标，指出"经过3年努力，大幅减少主要大气污染物排放总量，协同减少温室气体排放，进一步明显降低细颗粒物（$PM_{2.5}$）浓度，明显减少重污染天数，明显改善环境空气质量，明显增强人民的蓝天幸福感"。

除了大气污染防治的法律政策，提到协同控制温室气体的排放，在控制温室气体相关法规文件中也有同时控制大气污染物的相关要求。例如，2016年10月，国务院印发《"十三五"控制温室气体排放工作方案》，将"加强碳排放和大气污染物排放协同控制"作为指导思想。同时，该方案将"减污减碳协同作用进一步加强"作为主要任务之一，具体要求，"到2020年，单位国内生产总值二氧化碳排放比2015年下降18%，碳排放总量得到有效控制；氢氟碳化物、甲烷、氧化亚氮、全氟化碳、六氟化硫等非二氧化碳温室气体控排力度进一步加大，碳汇能力显著增强。支持优化开发区域碳排放率先达到峰值，力争部分重化工业2020年左右率先实现达峰，能源体系、产业体系和消费领域低碳转型取得积极成效。全国碳排放权交易市场启动运行，应对气候变化法律法规和标准体系初步建立，统计核算、评价考核和责任追究制度得到健全，低碳试点示范不断深化，减污减碳协同作用进一步加强，公众低碳意识明显提升"。

地方性法规也在大气污染物与温室气体协同控制方面有所探索。2018年1月1日实施的《海南省环境保护条例》提出"对二氧化硫、氮氧化物、颗粒物、挥发性有机物、温室气体等大气污染物实施协同控制，实施大气污染联防联治"。《南阳市大气污染防治条例》（2020年3月1日实施）、《咸阳市大气污染防治条例》（2020年3月1日实施）、《朔州市大气污染防治条例》（2019年12月20日实施）

均提出"对颗粒物、二氧化硫、氮氧化物、挥发性有机物、氨等大气污染物和温室气体实施协同控制"。

3.2.2 部门规章

除了法律政策，相关的部门规章也对大气污染物排放与温室气体排放的协同控制予以规定。

除了在指导思想或原则中出现以外，减污降碳协同增效已经作为重要任务和内容出现在各种政策文件中。2022年3月28日，工业和信息化部、国家发展改革委、科学技术部、生态环境部、应急管理部、国家能源局发布《关于"十四五"推动石化化工行业高质量发展的指导意见》（工信部联原〔2022〕34号），提出"推动现代煤化工产业示范区转型升级，稳妥推进煤制油气战略基地建设，构建原料高效利用、资源要素集成、减污降碳协同、技术先进成熟、产品系列高端的产业示范基地"。2022年1月30日，国家发展改革委、国家能源局发布《关于完善能源绿色低碳转型体制机制和政策措施的意见》（发改能源〔2022〕206号），提出"加快形成减污降碳的激励约束机制"，"提升油气田清洁高效开采能力，推动炼化行业转型升级，加大减污降碳协同力度"。2022年1月20日，工业和信息化部、国家发展改革委、生态环境部发布《关于促进钢铁工业高质量发展的指导意见》（工信部联原〔2022〕6号），提出"坚持绿色低碳。坚持总量调控和科技创新降碳相结合，坚持源头治理、过程控制和末端治理相结合，全面推进超低排放改造，统筹推进减污降碳协同治理"，要"落实钢铁行业碳达峰实施方案，统筹推进减污降碳协同治理"。2021年12月6日，国家发展改革委、水利部、住房和城乡建设部、工业和信息化部、农业农村部发布《关于印发黄河流域水资源节约集约利用实施方案的通知》（发改环资〔2021〕1767号），要求"推动减污降碳协同增效"，提出"在流域、区域和城市尺度上，构建健康的自然水循环和社会水循环，实现水城共融、人水和谐。坚持'节水即减排''节水即治污'理念，在取水、用水、水处理、污水资源化利用等全过程中强化节水，减少新鲜水取用量、污水产生量和处理量，降低城市水系统运行过程中的能耗物耗等。探索'供—排—净—治'设施建设运维一体化改革，强化城市水系统管理体系化水平。示范推广资源能源标杆再生水厂，减少污水处理能源消耗和碳排放。鼓励具备条件的供水、水处理企业，因地制宜发展沼气发电、分布式光伏发电，推广区域热电冷联供。结合城市更新行动和新型城市基础设施建设等，提升数字化智能化管理水平，推进水资源节约集约利用"。2021 年 11 月 19 日，生态环境部发布《关于实施"三线一单"生态环境分区管控的指导意见（试行）》（环环评〔2021〕108 号），提出"协同推动减污降碳。充分发挥'三线一单'生态环境分区管控对重点行业、重点区域的环境准入约束作用，提高协同减污降碳能力。聚焦产业结构与能源结构调整，深化'三线一单'生态环境分区管控中协同减污降碳要求。加快开展'三线一单'生态环境分区管控减污降碳协同管控试点，以优先保护单元为基础，积极探索协同提升生态功能与增强碳汇能力，以重点管控单元为基础，强化对重点行业减污降碳协同管控，分区分类优化生态环境准入清单，形成可复制、可借鉴、可推广的经验，推动构建促进减污降碳协同管控的生态环境保护空间格局"。2021 年 11 月 9 日，生态环境部发布《关于深化生态环境领域依法行政　持续强化依法治污的指导意见》（环法规〔2021〕107 号），提出"依法推进碳减排工作，以实现减污降碳协同增效为总抓手，进一步强化降碳的刚性举措，将应对气候变化要求纳入'三线一单'生态环境分区管控体系，实施碳排放环境影响评价，打通污染源与碳排放管理统筹融合路径，从源头实现减污降碳协同作用"。2021 年 5 月 30 日，生态环境部发布《关于加强高耗能、高排放建设项目生态环境源头防控的指导意见》（环环评〔2021〕45 号），将推进"两高"行业减污降碳协同控制作为重要任务，提出"将碳排放影响评价纳入环境影响评价体系。各级生态环境部门和行政审批部门应积极推进'两高'项目环评开展试点工作，衔接落实有关区域和行业碳达峰行动方案、清洁能源替代、清洁运输、煤炭消费总量控制等政策要求。在环评工作中，统筹开展污染物和碳排放的源项识别、源强核算、减污降碳措施可行性论证及方案比选，提出协同控制最优方案。鼓励有条件的地区、企业探索实施减污降碳协同治理和碳捕集、封存、综合利用工程试点、示范"。

2021 年 2 月 1 日实施的《碳排放权交易管理办法（试行）》第十四条提出"生态环境部根据国家温室气体排放控制要求，综合考虑经济增长、产业结构调整、能源结构优化、大气污染物排放协同控制等因素，制定碳排放配额总量确定与分配方案"。2019 年 6 月，生态环境部印发《重点行业挥发性有机物综合治理方案》（环大气〔2019〕53 号），将"提高挥发性有机物（VOCs）治理的科学性、针对性和有效性，协同控制温室气体排放"作为该方案的目标提出，具体为"到 2020 年，建立健全 VOCs 污染防治管理体系，重点区域、重点行业 VOCs 治理取得明显成效，完成'十三五'规划确定的 VOCs 排放量下降 10%的目标任务，协同控制温室气体排放，推动环境空气质量持续改善"。2019 年 7 月，生态环境部联合国家发展改革委、工业和信息化部、财政部共同印发《工业炉窑大气污染综合治理方案》（环大气〔2019〕56 号），将"指导各地加强工业炉窑大气污染综合治理，协同控制温室气体排放，促进产业高质量发展"作为宗旨和目标。《轻型汽车污染物排放限值及测量方法（中国第六阶段）》（2016 年 12 月发布，2020 年 7 月 1 日实施）和《重型柴油车污染物排放限值及测量方法（中国第六阶段）》（2018 年 6 月发布，2019 年 7 月实施）等提出了对汽车发动机进行型式检验时，须增加标准循环稳态工况和瞬态工况条件下二氧化碳排放的测试[①]。2017 年 9 月，环境保护部印发《工业企业污染治理设施污染物去除协同控制温室气体核算技术指南（试行）》，规定了工业企业污染治理设施污染物去除协同控制温室气体核算的主要内容、程序、方法及要求。提高温室气体排放统计核算能力，开展重点行业温室气体排放强度控制和监测试点，研究将气候变化因素纳入环境影响评价的技术方法和途径，建立有利于温室气体控制和污染物减排的低碳环保政策措施体系"。

---

① 冯相昭，王敏，梁启迪. 机构改革新形势下加强污染物与温室气体协同控制的对策研究[J]. 环境与可持续发展，2020，46（1）：146-149.

此外，需要着重提及的是 2021 年 1 月生态环境部印发的《关于统筹和加强应对气候变化与生态环境保护相关工作的指导意见》。此文件是污染物减排与温室气体协同减排的专门规章文件，而且，其所涉及的协同内容不仅仅是大气污染物与温室气体的协同控制，还包括固体废物等的协同，温室气体也不仅指二氧化碳，还包括甲烷等非二氧化碳气体。《关于统筹和加强应对气候变化与生态环境保护相关工作的指导意见》具体内容包括总体要求、战略规划、政策法规、制度体系、试点示范、国际合作、保障措施等。具有以下特点：

一是《关于统筹和加强应对气候变化与生态环境保护相关工作的指导意见》从系统治理的角度全方位、多层次推动温室气体与污染物协同控制[1]。《关于统筹和加强应对气候变化与生态环境保护相关工作的指导意见》强化统筹协调，提出应对气候变化与生态环境保护相关工作统一谋划、统一布置、统一实施、统一检查，建立健全统筹融合的战略、规划、政策和行动体系。要把降碳作为源头治理的"牛鼻子"，协同控制温室气体与污染物排放，推动将应对气候变化要求融入国民经济和社会发展规划，以及能源、产业、基础设施等重点领域规划，从而更好地推动经济高质量发展和生态环境高水平保护的协同共进[2]。未来，气候变化工作和生态环境保护工作的协同不是单一政策或者领域的协同，而是包括制度体系、政策实践、宣传等全方位、多角度的协同。如《关于统筹和加强应对气候变化与生态环境保护相关工作的指导意见》提出在顶层制度设计时就要进行统筹考虑，同步将温室气体和污染物的协同控制纳入制度设计中。

二是《关于统筹和加强应对气候变化与生态环境保护相关工作的指导意见》的出台实现了温室气体与污染物协同控制政策的落地。该指导意见从战略规划、政策法规、制度体系、试点示范、国际合作等 5 个方面明晰了应对气候变化与生态环境保护相关工作统筹融合的具体要求、重点任务和措施。《关于统筹和加强应对气候

---

① 李媛媛，李丽平，姜欢欢，等. 加强国际合作，统筹温室气体和污染物协同控制[N]. 中国环境报，2021-01-22（3）.

② 柴麒敏. 全国"一盘棋"积极主动作为推动碳达峰碳中和[N]. 中国环境报，2021-01-25（2）.

变化与生态环境保护相关工作的指导意见》打破了原有法规中仅有原则性规定，没有具体可实施、可操作措施的现象，让污染物和温室气体协同控制政策真正实现了落地生根，也给地方开展相关工作提供了指导。

三是《关于统筹和加强应对气候变化与生态环境保护相关工作的指导意见》突出行政资源优化配置和协同。2018年3月，党和国家机构改革将应对气候变化职能从国家发展改革委划转至新组建的生态环境部，在体制机制上实现统筹和加强应对气候变化与生态环境保护工作。《关于统筹和加强应对气候变化与生态环境保护相关工作的指导意见》推动制度体系统筹融合，突出行政资源优化配置和充分利用[①]，提出要充分发挥现有环境管理制度体系的优势[②]，探索生态环境调查统计和监测核算支撑温室气体清单管理工作，推动将气候变化影响纳入环境影响评价，推进企业温室气体排放数据纳入排污许可管理平台，创新机制将温室气体纳入现有生态环境执法体系和监管考核体系中，实现制度上的协同。

四是《关于统筹和加强应对气候变化与生态环境保护相关工作的指导意见》将对气候变化领域相关立法起到推动作用。当前，国家应对气候变化的立法仍然空位，这使得加快实施采取更加有力的政策和措施往往缺乏法律依据，惩戒和威慑作用极为有限。应该把加强应对气候变化的相关立法作为形成和完善中国特色社会主义法律体系、加快推进生态文明法制体系的一项重要任务，尽快纳入立法工作议程，加强立法研究和论证。《关于统筹和加强应对气候变化与生态环境保护相关工作的指导意见》提出，加快推动应对气候变化相关立法，推动碳排放权交易管理条例尽快出台，在生态环境保护、资源能源利用、国土空间开发、城乡规划建设等领域的法律法规制订或修订过程中，推动增加应对气候变化相关内容，有助于形成决策科学、目标清晰、市场有效、执行有力的国家气候治理体系，将为加快建立温室气体排放总量控制及碳预算分配制度提供坚实的法律保障。

---

① 严刚，雷宇，蔡博峰，等. 强化统筹、推进融合，助力碳达峰目标实现[N]. 中国环境报，2021-01-26（3）.
② 冯相昭，田春秀. 应对气候变化与生态环境协同治理吹响集结号[N]. 中国能源报，2021-02-01（19）.

五是《关于统筹和加强应对气候变化与生态环境保护相关工作的指导意见》重视协同控制的国际宣传与合作。尽管中国在温室气体与传统污染物协同控制方面已开展了大量工作，但与日本等国家相比，在宣传力度、影响力等方面仍然比较弱，国际上对中国的了解还不够。《关于统筹和加强应对气候变化与生态环境保护相关工作的指导意见》突出应对气候变化与生态环境履约、谈判等工作形成合力，提出积极参与和引领应对气候变化等生态环保国际合作，统筹推进与重点国家和地区之间的战略对话与务实合作，建立长期性、机制性的环境与气候合作伙伴关系，充分体现了未来中国要统筹好已有的环境和气候变化领域的合作，相关研究与技术要在充分借鉴国际经验的基础上做好对外宣传。

此外，在地方政府规章方面，2016 年 9 月 1 日实施的《德州市大气污染防治管理规定》要求"实施对颗粒物、二氧化硫、氮氧化物、挥发性有机物、氨等大气污染物和温室气体的协同控制"。

3.2.3　规范性文件

各省（区、市）也积极推动温室气体与传统大气污染物协同减排相关工作，进行了有价值的探索和实践。2019 年 10 月 30 日，浙江省发布《浙江省工业炉窑大气污染综合治理实施方案》，要求到 2020 年，完善工业炉窑大气污染综合治理管理体系，推进工业炉窑全面达标排放，实现涉工业炉窑行业二氧化硫、氮氧化物、颗粒物等污染物排放进一步下降，促进重点行业二氧化碳排放总量得到有效控制。2021 年 1 月，重庆市生态环境局发布了《重庆市规划环境影响评价技术指南——碳排放评价（试行）》《重庆市建设项目环境影响评价技术指南——碳排放评价（试行）》（渝环〔2021〕15 号），旨在从技术角度充分发挥环评制度源头防控作用，规范和指导环境影响评价中碳排放评价工作。2021 年 3 月 10 日实施的《北京市关于构建现代环境治理体系的实施方案》要求"加强科技攻关，开展污染形成机理及本地化特征，大气污染物与温室气体协同控制等研究"。2021 年 3 月 15 日实施的《重庆市生态环境局关于加强建设项目全过程环境监管有关事项的通知》（渝环规〔2021〕1 号）将"环评引入碳评，减污降碳融合"作为其中的重要内容。2021 年 5 月 31 日实施的《浙江省生态环境保护"十四五"规划》要求"建立碳排放评价制度，探索开展大气污染物与温室气体排放协同控制，推动减污降碳协同增效"。2021 年 12 月 31 日实施的《中共吉林省委、吉林省人民政府关于深入打好污染防治攻坚战的实施意见》提出"将温室气体管控纳入环评管理"。金华市、三明市、南平市、莆田市等在其打赢蓝天保卫战三年行动计划中都提出"经过 3 年努力，持续减少主要大气污染物排放总量，协同减少温室气体排放"。

3.3　中国协同控制政策特点分析

中国制定传统大气污染物与温室气体减排的协同控制政策有历史发展阶段原因，也是当前自身发展的需要，充分体现了"不是别人要我们做，而是我们自己要做"的要求。中国协同控制政策近年来飞速发展，具有以下 4 个方面的特点。

首先，从国际比较角度来看，中国污染物与温室气体减排的协同控制政策具有先进性。截至 2021 年年初，美国、日本等发达国家对开展污染物与温室气体减排的协同控制仍然停留在协同效应的评估和研究阶段，尽管采取了一些源头治理的相关措施，但是远未上升到污染物与温室气体减排的协同控制政策阶段，更未在法律中明确规定。美国《清洁空气法》自 1970 年公布以来，尽管经历了几次修订，但一直关注的是单一污染物的分阶段逐项控制，并没有体现多污染协同控制的思路。后来，在企业的压力下，设立了多污染物控制（multi-P）工作组，试图提高企业的预期以减少成本，一起控制多种常规污染物，但不包括二氧化碳等温室气体。美国修法过程漫长，这意味着多污染物协同控制以及多污染物与温室气体协同控制的思想很难纳入修订的《清洁空气法》中。由于法律上没要求，企业也不会主动去做相应的协同控制。而与发达国家那种先解决了国内污染问题再应对气候变化两个发展阶段不同，当前我国生态文明建设仍处于压力叠加、负重前行的关键期，在保护与发展方面长期矛盾和短期问题交织，生态环境保护结构性、根源性、趋势性压力总体上尚未根本缓解。实施污染物与温室气体减排协同控制是我国可持续发展的内在要求，目前我国已经将传统大气污染物与温室气体减排的协同控制列入《中华人民共和国大气污染防治法》，并出台了《关于统筹和加强应对气候变化与生态环境保护相关工作的指导意见》等专门政策文件，这是中国在污染物与温室气体减排协同控制方面具有先进性的突出表现。不但如此，中国的污染物与温室气体减排的协同控制政策已经不仅局限于原则性规定，或只是作为指导思想提出，而是切切实实地推动了污染物与温室气体减排协同控制政策的落地，包括地方的政策中也有充分体现，还制定了具体技术导则和操作规范等。

其次，中国污染物与温室气体减排的协同控制是国家意志[①]，政策法制性特征明显。2012 年以来，包含减污在内的生态文明建设已是国家推进中国特色社会主义事业"五位一体"总体布局中不可或缺的组成部分。2021 年 3 月，我国进一步提出 "将碳达峰碳中和纳入生态文明建设总体布局"。2021 年 4 月，如同把实施乡村振兴战略作为新时代"三农"工作总抓手，把建设中国特色社会主义法治体系作为全面依法治国的总抓手一样，实现减污降碳协同增效被提高到了促进经济社会发展全面绿色转型的总抓手的高度。这就意味着，实现减污降碳协同增效将在促进经济社会发展全面绿色转型中处于总揽全局、牵引各方的地位，在美丽中国建设中发挥特别重要的作用。污染防治攻坚战、制定实施碳达峰行动方案等都要围绕这个总抓手推动。此外，中国的协同控制政策已经形成了一定的体系，涉及从国家法律、法规、部门规章到规范性文件。除了上面提到的《中华人民共和国大气污染防治法》等法律体系中专门提及协同控制，《中华人民共和国清洁生产促进法》《中华人民共和国节约能源法》《中华人民共和国循环经济促进法》等法律推动从源头上节约能源、资源等，也会自动产生污染物和温室气体减排的协同效应，达到协同控制的目的。如果将传统大气污染物减排政策和温室气体控制政策相互协调、相互影响的程度定义为协同度的话，不论是国家还是地方，其相关法律法规、部门规章和规范性文件对于污染物与温室气体的协同度的影响会越来

---

① 李丽平，李媛媛，姜欢欢，等. 如何理解和推动减污降碳协同增效？[N]. 中国环境报，2021-06-29（3）.

越大，例如，重庆市、河北省等已经出台相关的协同控制政策。可以讲，推动减污降碳协同增效既是国家意愿，也有国家行动，已通过法律政策、党的要求等予以明确体现。

再次，中国污染物与温室气体减排的协同控制政策充分体现了科学性。煤炭、石油等化石能源的燃烧和加工利用，不仅产生二氧化碳等温室气体，也产生颗粒物、VOCs、重金属、酚、氨氮等大气、水、土壤污染物。减少化石能源利用，在降低二氧化碳排放的同时，也可以减少常规污染物排放。中国在开展污染物与温室气体减排协同效应研究上与国际社会同步，从21世纪初开始，中国即与美国、日本、挪威等发达国家合作开展相关研究，共同召开协同效应相关会议并进行密切交流。中国开展污染物与温室气体减排协同效应的研究既包括污染物与温室气体机理方面的研究，也包括在方法、影响评估等方面的研究；既有煤炭总量控制等政策的影响评估研究，也有攀枝花、湘潭等区域城市的评估研究和水泥、钢铁等行业层面的研究，还有水泥窑协同处置水泥等政策方面的研究；既包括环境协同效应研究，也包括经济效益和健康效益等评估方面的研究。近年来通过清洁取暖、压减过剩产能等手段，大力推进污染物减排，协同推动能耗强度和碳排放强度的下降，积累了不少经验。有研究表明，"十一五"期间，通过节能和污染物结构减排等措施，累计实现约15亿t二氧化碳、470万t二氧化硫和430万t氮氧化物的协同减排。基本的研究结论是：开展污染物与温室气体减排协同控制具有显著的环境效益、经济效益和健康效益。总之，中国的污染物和温室气体减排协同控制政策是在污染物与温室气体具有同根、同源、同过程的性质基础上，经过科学评估研究而形成的。

最后，中国污染物与温室气体减排的协同控制政策实践性特征突出。北京、河北、辽宁、黑龙江、江苏、浙江、安徽、河南、广东、海南、重庆、云南、陕西、甘肃、宁夏15个省（区、市）将减污降碳、协同控制的要求纳入《中华人民共和国国民经济和社会发展第十四个五年规划和2035年远景目标纲要》中，约占总数的一半（表3-2）。很多地方都在协同控制方面做文章，例如，浙江省出台的

《浙江省工业炉窑大气污染综合治理实施方案》充分体现了污染物与温室气体减排协同控制的思想，并将其作为目标。

表 3-2 31 个省（区、市）将减污降碳、协同控制纳入《中华人民共和国国民经济和
社会发展第十四个五年规划和 2035 年远景目标纲要》相关表述

序号	省（区、市）	减污降碳	频次	批准/发布时间
1	北京	深入推进重点领域减排降碳	1	2021 年 1 月 27 日批准
2	天津	—	0	2021 年 2 月 7 日印发，2 月 8 日发布
3	河北	实施重点行业减污降碳，强化减污降碳协同效应，突出区域协同、措施协同、污染因子协同	2	2021 年 2 月 22 日批准
4	山西	—	0	2021 年 1 月 23 日通过，4 月 9 日发布
5	内蒙古	—	0	2021 年 2 月 7 日印发
6	辽宁	以协同降碳减污为总抓手，实现减污降碳协同效应，加强大气污染与温室气体协同减排	3	2021 年 3 月 30 日印发，4 月 8 日发布
7	吉林	—	0	2021 年 1 月 27 日通过，3 月 17 日印发
8	黑龙江	实现减污降碳协同效应	1	2021 年 3 月 2 日印发
9	上海	—	0	2021 年 1 月 27 日批准
10	江苏	推进大气污染物和温室气体协同减排、融合管控，开展协同减排政策试点	2	2021 年 1 月 29 日通过，2 月 19 日印发
11	浙江	实施温室气体和污染物协同治理举措	1	2021 年 1 月 30 日通过，2 月 19 日发文，2 月 26 日公开
12	安徽	实现减污降碳协同效应	1	2021 年 2 月 1 日批准
13	福建	—	0	2021 年 1 月 27 日批准
14	江西	—	0	2021 年 1 月 30 日通过，2 月 5 日印发
15	山东	—	0	2021 年 4 月 6 日印发

序号	省（区、市）	减污降碳	频次	批准/发布时间
16	河南	推进大气污染物与温室气体协同减排	1	2021 年 4 月 2 日印发，4 月 13 日发布
17	湖北	——	0	2021 年 1 月 27 日通过，4 月 12 日发布
18	湖南	——	0	2021 年 1 月 29 日通过，3 月 25 日发布
19	广东	推进温室气体和大气污染物协同减排，实现减污降碳协同。强化环境保护、节能减排降碳约束性指标管理	2	2021 年 1 月 26 日批准，4 月 6 日印发
20	广西	——	0	2021 年 1 月 25 日通过，4 月 19 日印发
21	海南	加强与省外空气污染、碳排放联动治理、减排降碳协同机制建设	2	2021 年 1 月 28 日通过
22	重庆	强化减污降碳协同效应	1	2021 年 2 月 10 日批准，3 月 1 日发布
23	四川	——	0	2021 年 2 月 2 日批准
24	贵州	——	0	2021 年 1 月 29 日通过
25	云南	推进减排降碳，加强商业、建筑与公共机构等领域节能减排降碳，统筹推进大气污染防治和气候变化应对，加强大气污染防治和温室气体控制的工作协调和政策协同	3	2021 年 1 月 29 日通过，2 月 8 日印发
26	西藏	——	0	2021 年 1 月 24 日通过
27	陕西	实施温室气体排控与污染防治协同治理	1	2021 年 1 月 29 日批准，2 月 10 日印发
28	甘肃	加强大气污染物与温室气体协同减排	1	2021 年 1 月 28 日通过，2 月 22 日印发
29	青海	——	0	2021 年 2 月 4 日批准
30	宁夏	推动实现减污降碳协同效应	1	2021 年 2 月 1 日通过，2 月 26 日印发
31	新疆	——	0	2021 年 2 月 5 日通过

资料来源：作者整理。

4

传统大气污染物与温室气体减排的协同效应技术评价

实现传统大气污染物与温室气体减排的协同效应，技术至关重要。本章将对钢铁、电力、水泥等重点行业的协同效应型技术进行评价[①]。

4.1 钢铁行业主要的协同效应技术

4.1.1 干熄焦（Coke Dry Quenching，CDQ）技术

CDQ 技术是将焦炉内产出的赤热红焦在冷却炉内经惰性气体冷却，回收之前作为水蒸气散发掉的赤热红焦显热，并用于发电的技术。具体原理为：焦炉产出的赤热红焦（约 1 000℃）在冷却炉内与循环惰性气体进行热交换冷却至 200℃ 以下，同时与赤热红焦进行热交换产生的高温循环气体（约 800℃）传入排热锅炉内，气体显热转变为水蒸气，在排热锅炉出口变为低温循环气后作为冷却气再次被送往冷却室内循环利用。产生的水蒸气用于发电[②]。

CDQ 技术的协同效应一般为：①由于有效利用了湿法熄焦排放出去的热能（产生蒸汽、发电），因此降低了化石燃料的使用量，削减了 SO_2 和 CO_2 排放量；

---

① 由于项目持续时间较长，本部分内容是项目早期成果，可能有些过时，但为保证成果完整性并反映项目全貌，仍放于此。

② Steel Plantech 株式会社。

②由于在密封的冷却室进行处理，因而消除了含煤尘的排气。某制造厂的资料显示，CDQ 技术具体的协同效应：一是节能，利用 100 t/h 规模的 CDQ 所产生的蒸汽（过去湿法熄焦所散发到大气中的热能）可发电约 18 MW。二是改善环境，由于 CDQ 是在封闭的系统内进行焦炭的冷却，不存在含粉尘的白烟飘散的现象，可改善作业环境。三是减少温室气体，CDQ 发电与燃油锅炉发电不同，可抑制温室气体（CO_2）产生。燃油锅炉发电 18 MW 时约排放 18 t/h 的 CO_2，CDQ 设备则可减少这些 CO_2 排放。四是改善焦炭品质，CDQ 是赤热红焦在冷却炉内通过气体缓慢冷却，焦炭强度（DI，CSR）约提高 2%。这是因为 CDQ 没有湿法熄焦时所产生的焦炭表面气孔以及内部龟裂，并且冷却炉内可去除焦炭较脆的部分。五是提高生产性，CDQ 焦炭不含水分，因此不需要蒸发用热量，可提高高炉作业的燃料比。因为炉顶温度较高，炉顶压发电量也有所增加[①]。1986 年宝钢从日本新日铁公司最早引进 CDQ 技术。1997—2000 年北京首钢建立示范项目。到 2008 年年底，大中型钢铁企业共计投产 66 套，干熄焦炭产量为 5 936 万 t，占全国焦炭总产量的 18.3%。

4.1.2　高炉炉顶压发电（Top Pressure Recovery Turbine，TRT）技术

TRT 技术是指利用高炉产生的高炉气体驱动透平进行发电的技术。高炉气体用于发电后，再作为钢铁工艺燃料使用。其原理为：高炉气体在高炉炉顶的压力为 0.2～0.236 MPa（2～2.41 kg/cm²），温度约为 200℃，利用这些热与压力使透平旋转发电，如图 4-1 所示。本技术包含除尘器、透平和发电机等设备，发电方式根据高炉气体的清洗法不同又分为湿法和干法两种。湿法由文丘里管洗涤器除尘，干法由干法除尘器除尘。因干法除尘处理比湿法除尘处理的气体温度降低量少，所以发电量比湿法大，最高可达 1.6 倍左右。此外，将过去经减压阀减压的废弃的高炉气体的能量作为电力进行回收，可实现大幅节能。

---

① 新日铁工程技术株式会社。

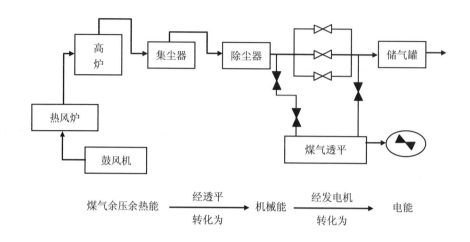

图 4-1 TRT 技术流程[①]

本技术的协同效应为：一是无须一切发电所需燃料且不产生 CO_2 等温室气体；二是与传统的隔膜阀（减压阀）相比，噪声小；三是运行及保养无需高技术，可由高炉的操作员、保养员进行操作；四是运行所需水与氮气较少，因此利用高炉现有设备即可充分提供[②]。高炉炉顶压发电设备是炼铁厂性能卓越的节能设备，应用于世界上的主要炼铁厂。1994—1998 年，攀枝花钢铁集团从日本川崎制铁最早引进 TRT 示范项目。到 2008 年年底，中国重点大中型钢铁企业 158 座 1 000 m^3 以上的高炉中，91 座高炉配有干式 TRT，配置率为 58%。

4.1.3 煤炭湿度调节（Coal Moisture Control，CMC）技术

CMC 技术是指利用焦炉的高温燃气事前干燥投入焦炉的原料煤，实现焦炉节能的技术。具体为将通常含水率为 10%左右的煤料在装炉前干燥至含水率为 6%左右，CMC 充分利用了原来排放到大气中的焦炉燃烧排气的热能作为干燥煤料时所需能量，不需要新投入热源，这样，焦炉的能耗所削减的部分就成为引进 CMC

---

① 《能效及可再生能源项目融资指导手册》。

② 川崎重工业株式会社。

后的节能效果。同样，通过降低热源消耗，在削减 SO_2 排放量的同时通过回收燃烧排气削减煤尘排放量。

某制造厂的资料显示，引进流化床 CMC 设备利润每年可达 2 000 万元以上（按处理能力 180 t/h，干燥 4%水分时计算），具有以下优点：一是提高 10%的生产能力，通过煤炭密度的提高，可使焦炉的产量大幅增加；二是节能 10%，通过削减煤炭水分，也可削减所需要的干馏热量；三是提高焦炭强度，通过提高煤炭密度，可使煤炭的凝结力提高，从而焦炭强度也大幅提高；四是稳定性，通过控制煤炭含水量，能使焦炭品质达到稳定[①]。重钢在 1993 年就开始引进 CMC 示范项目。2008 年，马鞍山钢铁股份公司也实施了流化床 CMC 示范项目。

4.1.4 新一代创新型焦炭制造技术（SCOPE21）

SCOPE21 是针对传统的炉内温度 1 200℃焦炉，预先将煤料快速加热（低温干馏）至 350℃，再传入 850℃焦炉，该工艺可实现 20%的节能效果。SCOPE21 工艺按照现行方法的焦炭制造工艺流程大致可分为煤料快速加热、高速干馏及中低温焦炭改质 3 道工序。

本技术的协同效应为：一是节能，焦炭年产量为 100 万 t 规模的设备，引进该技术所产生的节能效果与传统焦炉相比，按原油换算，每台每年可削减 100 万 kL、每年可降低 CO_2 排放量约 40 万 t；二是有效利用煤炭资源，非弱黏结性煤的使用率由以前的 20%提高至 50%，使煤炭资源能够充分有效利用；三是改善环境，干馏炉产生的 NO_x 排放量削减 30%，能够有效防止飞尘、冒烟等环境污染；四是提高生产效率，通过预先处理工程使焦炭生产时间大幅缩短，生产效率提高 2.4 倍。

---

① 北京中日联节能环保工程技术有限公司。

4.1.5 排热回收技术

4.1.5.1 热风炉余热回收技术

热风炉余热回收技术是回收热风炉燃烧排气中的显热，用其热对热风炉的燃料气和助燃气进行预热的技术。本技术由受理热风炉排放出的排气的受热方换热器，以及用在受热方换热器受理的排气显热来预热助燃气和燃料的加热方换热器构成。热交换方式根据换热器形式有旋转式、板式和热管式。热风炉排气显热回收率为 40%～50%。通过预热可实现削减热风炉燃料气的使用量和因热风炉炉内温度及送风温度的上升降低高炉焦比，从而削减 CO_2 排放量。同样，也能削减煤尘、SO_x、NO_x 等的大气污染物排放量。1998—2001 年，新日铁公司受 NEDO（日本新能源产业技术综合开发机构）的委托在河北省邯郸钢铁集团有限责任公司实施热风炉余热回收示范项目。

4.1.5.2 转炉气排热回收技术

本技术是回收利用转炉产生的高温排气（CO 气体）的技术。高温气体进行排热回收使其产生蒸汽，排热回收方式有燃烧式（锅炉方式）和非燃烧方式（密封型 OG 方式）。OG 方式大约可以回收转炉气体中潜热和显热之和的 70%，被回收的转炉气体同其他副生气体（焦炉煤气、高炉煤气）相混合后，在炼铁厂的加热设备中再使用，蒸汽主要用于炼钢厂内的脱煤气设备。削减锅炉燃料的使用量能削减 CO_2 排放量，同样也能削减煤尘、SO_x、NO_x 等大气污染物排放量。转炉规模为 185 t/heat，可每年减少 CO_2 排放量 2.6 万 t。1998—2001 年，新日铁公司受 NEDO 的委托，在安徽省马鞍山钢铁股份有限公司实施转炉气排热回收示范项目。

4.1.5.3 烧结机冷却器排热回收技术

烧结机冷却器排热回收技术是回收冷却高温制品烧结矿时所排放的空气显热，将该显热作为蒸汽回收的技术。该技术通过降低化石燃料使用量，能削减 CO_2 排放量，同样也能削减煤尘、SO_x、NO_x 等大气污染物排放量。1995—1997 年，住友金属工业受 NEDO 的委托，在太原钢铁集团公司实施烧结机冷却器排热回收示范项目。

4.1.5.4 钢材加热炉排热回收技术

钢材加热炉排热回收技术是通过用从钢材加热炉排气回收的热对助燃气进行预热，削减同炉的使用燃料的技术。另外，用回收的热同蒸汽进行热交换，产生的蒸汽作为高压蒸汽和低压蒸汽在炼铁厂内进行利用。通过降低钢材加热炉的化石燃料使用量能削减 CO_2 排放量，同样也能削减煤尘、SO_x、NO_x 等大气污染物排放量。1997—2000 年，神户制钢受 NEDO 的委托，在泰国实施钢材加热炉排热回收示范项目。

4.1.6 二甲醚（Di-Methyl Ether，DME）制造技术

DME 制造技术是燃烧时不排放有害气体和颗粒状物等的清洁能源技术。因无毒性、易液化、操作性好，利用中以民用燃料（替代 LPG）为代表，可以作为运输燃料（柴油汽车、燃料电池汽车），发电燃料（火力发电、热电联产发电、燃料电池）以及化学燃料使用。制造方法有直接合成法和甲醇脱水法（间接合成法）。以未利用的焦炉煤气（COG）作为原料，根据直接合成法制造 DME，可削减 CO_2 排放量。此外，DME 排气中不含有 SO_x、PM，也可用制造 DME 过程中产生的剩余气体发电。

4.1.7 转底式还原炉（Rotary Hearth Furnace，RHF）技术

RHF 技术是指利用在炼铁过程中产生的含氧化铁和锌等的铁屑副产品在环形转炉底部进行高温加热生产还原铁（DRI），同时分离回收锌等金属的技术。本技术协同效应明显：一是有效利用从铁屑尘泥回收的还原铁，能削减高炉煤耗量，从而削减 CO_2 排放量；二是通过降低煤耗量能削减煤尘、SO_2 排放量；三是通过有效利用还原铁和回收锌，节约资源使用量的同时能实现零排放。2007 年，马鞍山钢铁集团从新日铁公司引进该技术。

4.2 电力行业主要的协同效应技术

4.2.1 高效发电技术

4.2.1.1 增压流化床燃烧发电（Pressurized Fluidized Bed Combustion，PFBC）技术

PFBC 技术是指煤在流化床锅炉燃烧产生的蒸汽驱动轮机和用燃气驱动燃气轮机一体化的复合发电技术，如图 4-2 所示。在流化床锅炉内因使用具有脱硫功能的微粒石灰石，煤炭燃烧时产生的 SO_x 在炉内脱硫，因此不需要锅炉底部的烟气脱硫设备。并且，低温（850℃）燃烧使 NO_x 的产生量减少，经陶瓷过滤器（CTF）降低粉尘并能削减 CO_2 排放量[1]。热效率从通常的 38%（微粉煤火力）提高至 42% 时可削减 CO_2 排放量的 10.5%，同样，也能削减煤尘、SO_x、NO_x 等大气污染物排放量的 10.5%。

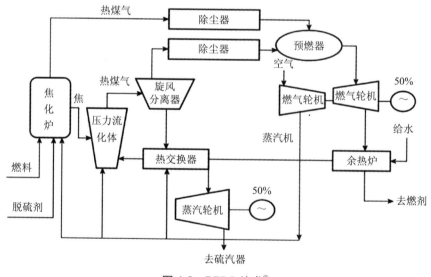

图 4-2 PFBC 技术[2]

---

① 电力工学网站。
② 资料来源：循环流化床锅炉咨询网 http://www.cfbzx.cn。

4.2.1.2 循环型常压流动床锅炉（Circulating Fluidized Bed Boiler，CFBB）技术

CFBB 技术是高效燃煤锅炉技术，炉膛气流速度为 4～8 m/s，排气中颗粒直径大的流体和残渣在高温旋风分离器被捕捉返回炉膛继续参与燃烧。通过该循环可以维持床高和提高脱硝率。此外，为了提高热效率，在热回收部安装了流动用空气和燃气的预热器及锅炉的供水加热器。该技术的协同效应为：一是由于热效高能降低燃料使用量，削减 CO_2 排放量；二是低公害性，可大幅减少 NO_x、SO_x 之类环境污染物排放量；三是高燃烧率，通过提高燃烧时间从而达到了高燃烧率；四是因生产过程中不需要独立的脱硫、脱硝、燃料粉碎设备具有节省空间、易保养的特点。1988 年，由济南锅炉厂研制成功的首台国产 35 t/h 的 CFB 电站锅炉在山东明水热电厂投产，此后各电厂更大型的 CFB 也相继投入运行。2003 年，四川白马发电厂从法国 Alstom 公司引进当时全球最大级 300 MW CFB，该技术分别转让给上海锅炉、哈尔滨锅炉和东方锅炉。2008 年，由东方锅炉通过技术吸收和研发制造的国产首台 300 MW 级设备在广东荷树园发电厂投入运行。600 MW CFB 在四川白马电厂建设，2011 年年末开始运行。截至 2010 年，全国引进 17 台 300 MW CFB，国产 19 台 300 MW CFB。

4.2.1.3 超（超）临界压（Super Critical，SC 和 Ultra Super Critical，USC）发电技术

超（超）临界压发电技术是指从锅炉送往蒸汽轮机的蒸汽，在超过水的临界压（374℃、22.12 MPa）的高温高压条件下，削减使水气化所需热能的技术[①]。超临界压高效发电设备可实现 40%以上的高效发电。同传统的亚临界压发电相比，能削减 CO_2 排放量约 5%。中国 1992 年从瑞士 Sulzer 公司引进 600 MW 级超临界发电机组在上海石洞口发电厂运行。1996 年，日本巴布科克日立公司（BHK）、伊藤忠商事会社（ITDCHU）和东方锅炉成立了东方日立锅炉有限公司（BHDB）。2004 年，通过技术引进与国内制造相结合，国内首台超临界发电机组（600 MW）在华能沁北电厂投运。截至 2008 年，全世界运行的 357 套 SC 发电机组中，中国

---

① Weblio 字典。

占35%。

超超临界压是指温度593℃、压强24.1 MPa以上的蒸汽条件。燃煤火力发电时，煤炭燃烧使锅炉产生蒸汽的温度和压强越高则发电效率越高。但是，长时间在高温高压状况下使用会导致零件强度降低。因此，确立了耐600℃的高温、25 MPa级（约为大气压的250倍）高压的超超临界压发电技术。同传统的亚临界压发电技术相比，能削减CO_2排放量7%。现在，日本在进一步推进高温高压化700℃级先进超超临界压发电（A-USC）技术开发[①]。

20世纪90年代以后，世界性的能源不足与环境问题的压力进入了新阶段。中国在超超临界发电设备的采购上采取了国内招标的方式，海外企业不能单独投标，促进了外企和中国企业的联合及技术转让。2004年，哈尔滨锅炉与三菱重工签署了USC技术转让合同。2006年华能玉环发电厂的1 000 MW项目开始投产，国产化率达到60%。

SC、USC技术的快速普及有以下几个原因。首先是国家政策、"863"计划促进了技术的转让和研发。此外，国家的方针、法规等（如"压小上大"）也带来了对SC、USC的需求。并且技术转移加快了国产化进程，设备价格降低加快了普及的速度。但也存在相应的问题，如SC、USC设备制造所需的耐高温高压材料的技术开发滞后，锅炉所用的高性能材料应用尚处于初期，需要不断研究和总结新材料在运行中出现的问题。

4.2.1.4 燃气—蒸汽联合循环发电（Combined Cycle Power Plant，CCPP）技术

CCPP技术是指将燃气轮机和蒸汽轮机组合起来的发电技术。燃气轮机发电后，利用其排热所产生的蒸汽来驱动蒸汽轮机再次发电。组合两种轮机后，发电热效率可达50%以上。此外，由于高效性节省了燃料，从而减少了CO_2、SO_2和NO_x的排放量[②]。

根据入口温度分为CC发电（约1 100℃）、ACC发电（约1 300℃）和MACC

---

① 日立制作所。

② 三菱重工成套设备建设株式会社（MHI Plant Construction Co.，Ltd.）。

发电（约 1 500℃）。引进 ACC 发电（富津 3 号系列实绩）和 MACC 发电（川崎 1 号系列实绩），其发电热效率由以往的 43%（HHV、CC）提高到 50%～53%（HHV、ACC～MACC），能削减 CO_2 排放量 30%～39%。同样，也能削减 NO_x 等大气污染物 30%～39%。

4.2.1.5 整体煤气化联合循环发电（Integrated Gasification Combined Cycle，IGCC）技术

IGCC 技术是将煤炭气化生成的高温燃气作为燃气轮机燃料进行发电的同时，用回收煤气化炉产生的蒸汽和燃气轮机的排热产生的蒸汽，通过蒸汽轮机进行发电的高效复合发电技术。IGCC 技术的主要优势或协同效应为：一是提高发电效率，通过将固体的煤炭气化，在蒸汽轮机上组装燃气轮机以实现发电，热效率从通常的 38%（微粉煤火力）提高至 46%，可削减 CO_2 排放量约 21%，是更先进的高效化发电系统（送电端效率为 46%～48%），由此能够在与石油火力发电 CO_2 排放量几乎同等的条件下利用燃煤发电。二是扩大适用煤种，而且能够使用以往燃煤火力难以利用的灰熔点较低的煤炭，因此能够扩大到所有的煤种。三是环境保护，通过系统的高效率化，可降低单位发电量（kW·h）的 SO_x、NO_x、煤尘等的排放量。与传统的燃煤火力发电相比，因煤灰作为熔渣被排放使得容积减半，并且，熔渣可作为水泥的原材料或路基材料等进行再利用。四是降低用水量，由于传统的燃煤火力烟气脱硫装置是在燃料燃烧后的排气阶段进行煤尘处理，因而需要大量用水，但 IGCC 是在燃料气化阶段进行处理，所以可以大幅降低用水量[①]。

4.2.1.6 运用管理技术提高发电效率

以提高现有的燃煤火力发电站的效率为目的，通过正确的高水平的热诊断方法、设施改良技术和运用，以及保养管理技术等方法提高发电效率。伴随热效率的提高可降低大气污染物（SO_x、NO_x、煤尘等）以及废弃物（燃灰等）。由于提高送电端效率，燃料使用量降低可削减 CO_2 排放量。以中国燃煤火力发电站为例，发电效率从现状的 34.6%（中国平均值）提高至 41.1%，能削减 CO_2 排放量 18.8%。

---

① 洁净煤发电研究所网站。

4.2.2　燃料转换技术

燃料转换技术是指在采用降低大气污染或温室气体排放的措施时，改用污染物或温室气体产生较少的燃料的技术。针对 SO_2 的大气污染，改用低硫黄重油、液化石油气（LPG）等，应对气候变暖措施一般指煤炭、石油改为天然气和可再生能源[①]。例如，天然气的主要成分为甲烷（CH_4），与石油和煤炭相比，分子中的碳原子（C）比例小，是燃烧时 CO_2 排放量最少的化石燃料。此外，不仅 CO_2 排放量少，几乎没有氮成分的天然气的 NO_x 的排放量也比其他燃料少，还有液化时因除去了硫分和杂质，所以也几乎没有 SO_x 排放。

4.2.3　可再生能源技术

可再生能源技术是指采用非化石等一次能源燃料发电的技术，如风电、水电、太阳能发电等。可再生能源发电由于不使用化石能源发电，因此大大减少了温室气体和 SO_2、NO_x 等大气污染物的排放，具有显著协同效应。

4.2.4　高压变频技术

高压变频技术可以对电厂重要用电设备的驱动电源进行技术改造，是火电厂节能降耗的有效途径。原理是通过改变风机（泵）的转速来实现对风机（泵）的风量调节从而达到节能的目标。这种方法不必对风机（泵）及其电机本身进行改造，转速由外部调节，风机（泵）挡板可处于全开位置保持不变，并能实现无级线性调节风量，完全消除风机（泵）挡板造成的节流损失。高压变频器的采用，通过减少发电设备能源损耗，通常可以使火力发电厂的厂用电节能 30%～60%，降低了火电总体煤炭消耗，达到减少温室气体及 SO_2、NO_x 排放的目的。

---

① EIC 网站。

4.2.5 锅炉智能吹灰优化与在线结焦预警系统技术

该技术主要针对锅炉结渣、积灰，包括锅炉水冷壁、再热器、过热器、省煤器"四管"及省煤器后部烟道空预器等位置，通过污染量化处理和图像转换，显示实时参考画面和污染数据，并根据临界污染因子及机组运行状况提出吹灰优化策略，消除积灰等导致的锅炉隐患、减小传热阻力、提升锅炉热经济性、降低烟道堵塞风险等，以提高机组运行效率，达到降低燃煤消耗，从而减少温室气体及常规污染物 SO_2、NO_x 的排放。

4.3　水泥行业主要的协同效应技术

4.3.1　余热回收利用发电技术

余热回收利用发电技术主要是回收 SP/NSP 向大气排放出的排热（低中温：350～380℃），用回收的热烧沸锅炉，产生的蒸汽驱动轮机进行发电的系统。本技术适用于以 4 级式旋风分离器 SP/NSP 水泥成套设备为主体的情况。水泥成套设备的排热回收是将 SP/NSP 向大气排放出的排热回收（排热温度：350～380℃）和将熟料冷却器的排热回收（排热温度：200～250℃）。基本设备构成有排热回收锅炉、蒸汽轮机、发电机，利用 3 000 t/d 水泥成套设备排热时发电能力约为 6 500 kW。削减锅炉燃料的使用量能削减 CO_2 排放量，同样也能削减煤尘、NO_x 等大气污染物排放量。1995—1997 年，川崎重工受 NEDO 的委托在宁国水泥厂实施了水泥余热发电设备示范项目。2002 年，在广西鱼峰集团水泥有限公司实施了水泥余热有效利用示范项目，该项目规模为 3 200 t/d，实际发电能力为 5 915 kW，每年可削减 CO_2 排放量 3.3 万 t。到 2008 年年底水泥工业已有生产线 263 条，累计建成纯低温余热电站 200 座，总装机容量 1 510 MW，年发电能力约 110 亿 kW·h，相当于年节能 390 万 t 标准煤。

4.3.2　悬浮预热器方式（Suspension Preheater，SP）技术

SP 技术是代替原来的湿法烧成及干法长炉窑方式的技术。SP 方式利用窑炉排气干燥及预热原料提高烧成效率。通过更换能效好的 SP、NSP 窑炉，可实现降低伴随燃烧排放出的 CO_2、SO_2 和 NO_x 产生量。SP 方式是将在窑炉烧成水泥原料后的高温热风（排气）用于原料的干燥及窑炉烧成前的预热，削减了烧成过程中的耗能量，从而可降低 CO_2 排放量，同时削减煤尘、SO_2 排放量。1997 年该生产方式的转换在日本已经 100%实施完毕。

4.3.3　NSP 技术

NSP 技术是日本独自开发的技术。NSP 方式通过被称为煅烧炉的装置进行90%以上的原料烧成，剩下的烧成由以往的窑炉进行。煅烧炉有配备燃烧器的直接烧成法和以加热流动床烧成原料的间接烧成法两种方法。采用该技术将能提高现有的 SP 窑炉 1.5～2.0 倍的生产力，此外，也能削减水泥生产过程中的烧成能耗[①]。其协同效应为：一是通过提高燃烧效率，削减 CO_2 排放量；二是降低化石燃料消耗量的同时能抑制 NO_x 的产生量。SO_x 被窑炉内产生的 CaO 吸收，几乎不向外部排放。

4.3.4　流化床水泥烧成炉窑系统技术

流化床水泥烧成炉窑系统技术是通过利用流化床流程特有的燃烧性能、热传递性能、粒子扩散及造粒特性，高效燃烧低品位碳，减少 NO_x 排放，并能从生产流程排放出去的物质及排气中高效回收热能的技术。同传统的回转炉窑方式相比，能降低能源消耗 10%～25%。2005—2007 年山东省淄博市山东宝山生态建材有限公司与日本合作实施了规模 1 000 t/d 的流动床水泥烧成炉窑系统项目。

---

① 《超长期能源技术路线图报告书》能源综合工学研究所。

4.3.5　低氮燃烧技术

低氮燃烧器技术是将从燃烧器吹入用于燃烧的空气与燃料混合延迟，使燃料的点火及燃烧缓慢进行，由此降低燃烧温度，减少热力型 NO_x 的产生；通过在燃料较多的还原区域将燃料中的氮元素转化为 N_2，以达到脱硝效果，目前日本太平洋公司低氮燃烧可取得降低 30%的 NO_x 排放的成效。低氮燃烧技术使用过程可同步实现改善水泥窑燃烧效率、削减煤耗量，从而减少水泥窑系统 CO_2 的排放量（图 4-3）。

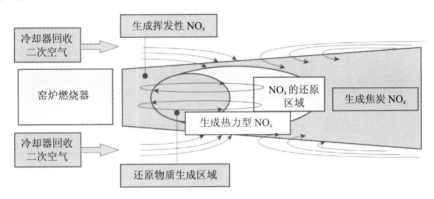

图 4-3　水泥窑炉燃烧器中 NO_x 生成和还原的概念[①]

4.3.6　协同处置技术

水泥窑处置废弃物,在实现协同减排传统大气污染物（NO_x）及温室气体（CO_2、CH_4）的同时，还可实现多种其他污染物的协同减排，具体包括实现污泥、工业浆渣、危险废物等的无害化处理，减少废物、二噁英、重金属等。由废弃物带入烧成系统的 Cl⁻ 在水泥煅烧系统内可以被水泥生料吸收，减少二噁英类物质形成的氯源，并在回转窑炉内高温（气相温度高达 1 800～2 000℃，固相温度为 1 450℃左右）控制下抑制二噁英物质的生成。水泥熟料矿物在其晶格中具有分布各种杂质

① 《水泥窑炉用高效率低 NO_x 燃烧器的开发》ICETT　西神田研究室［太平洋水泥㈱］。

离子的能力，这些杂质离子以类质同晶的方式取代主要结构元素，从而使水泥熟料在物质结构上实现稳定固化重金属元素。对于企业来说，这也是废弃物热值、钙、氨等实现资源化再利用的过程，可节省燃料成本、原料成本及 NO_x 减排设施投入（图4-4）。

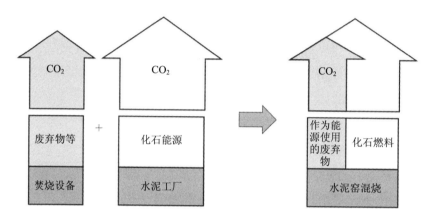

图4-4　废弃物能源化利用的温室气体减排效应示意图

4.4　其他行业主要的协同效应技术

4.4.1　热电联产技术

热电联产技术是指利用城市煤气等燃料驱动燃气发动机、柴油发动机，在发电的同时利用这些机器的排热进行供热（蒸汽、温水）的技术。主要由原动机、发电机和排热回收装置、排热利用机器构成（图4-5）。即使在大容量的高效发电厂，其热效率充其量也只有42%左右，如果回收利用排热的话，即使是小规模的系统，其综合效率在理论上也可达到80%[1]。

---

[1] 《平成16年度促进节能技术项目的调查报告书》财团法人节能中心技术部。

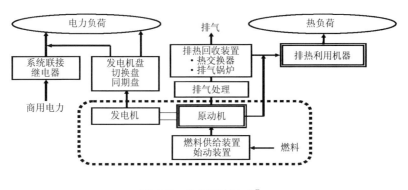

图 4-5 热电联产技术[①]

4.4.2 高速切换式蓄热型燃烧技术

高速切换式蓄热型燃烧装置是指蓄热体内装有作为 1 套的 2 台燃烧器，一侧燃烧器（A）燃烧时，其燃烧排气则被另一侧燃烧器（B）取得，在蓄热部经热交换向外部排出，20～60 s 后与燃烧排气进行热交换的充分蓄热的蓄热部燃烧器 B 启动后开始燃烧。A、B 交互反复进行这一动作，可以实现 50%～90%的排热回收率。

本装置是具有进行深度排热回收和高温空气燃烧、高效（节能）、低 NO_x 燃烧特点的工业炉。同传统燃烧方式相比可实现 30%以上节能率、30%以上的 CO_2 减排及 50%以上的 NO_x 减排[②]。

4.5 协同效应技术评价小结

通过以上对钢铁、电力、水泥等重点行业主要协同效应技术的评价，可得出如下几个初步结论。

---

① 来源:《地球温暖化对策技术转移手册（2008 年修订版）》。
②《平成 20 年度 NEDO 技术开发机构对节能的支援政策》（NEDO）。

第一，各行业协同效应型技术并不多。例如，钢铁行业主要是干熄焦技术、高炉炉顶压发电技术等几种；电力行业主要是高效发电技术、燃料转换技术和可再生能源技术等几种；水泥行业也主要是余热回收利用发电技术、悬浮预热器方式技术等几种。

第二，各行业协同效应型技术主要是节约能源和提高能源效率型的技术，或者说通过减少化石能源消耗，实现减少 SO_2、NO_x 等大气污染物及 CO_2 等温室气体的排放。越是清洁生产技术和前端预防技术，协同效应潜力越大；越是末端治理技术，协同效应潜力越小，或为负协同效应。

第三，国际上正在大力推动能够产生大气污染物减排和温室气体减排的协同效应型技术扩散，如日本、欧盟等。

第四，中国正在大力推动能够产生大气污染物减排和温室气体减排协同效应的相关技术。或者反过来讲，很多协同效应型技术的推广与国家产业政策推广普及密切相关。例如，国家发展改革委在其发布的《中国节能技术政策大纲》中明确提出大力推动高炉炉顶压发电（TRT）技术应用项目，将 TRT 指定为"十五"期间冶金行业重点推进的项目之一。工业和信息化部提出 2014 年 1 000 m^3 以上的高炉干式 TRT 装置的设置率达到 100%。另外，为推广应用 CDQ 技术，国家出台了一系列措施。2005 年"焦化行业准入条件"规定新建或改（扩）建焦炉时原则上要同步配套建设 CDQ 装置。《产业结构调整指导目录》鼓励类技术目录中也有 CDQ 技术，该类项目被列入国家财政补贴项目。

第五，由于引进各项技术所达到的协同效应效果（温室气体减排、环境污染物减排等）的程度，因设备的规模、运行的稳定性等差异而有所变动，因此即使采用相同的技术，由于使用环境等不同，其效果也可能会稍有不同。

5

协同效应评价方法

本书基于总量减排核算方法和协同效应实现机理，开发了污染减排的协同效应定量化评价方法。这是一种自下而上的评价方法，旨在定量化评估国家层面协同效应政策、地区及城市层面总量减排措施、行业企业层面协同处置路径的协同效应。

5.1　目的

定量化评价一定时期内国家、地区及城市、行业企业层面实施污染物减排、开展协同处置的措施，同时对减缓污染物和温室气体排放产生的影响和作用。通过定量化评估的结论和分析，提出从协同效应走向协同控制的政策建议。

5.2　思路

用"协同效应系数"表示实施污染物减排措施及相关政策同步实现减少的温室气体减排量，以此定量评价相关措施或政策协同效应。"协同效应系数"的具体计算如下：

$$协同效应系数 = \frac{GHG减排量}{局地污染物减排量}$$

协同效应系数为正，说明相关措施同时对污染物和温室气体减排有正向作用，且协同效应系数越大说明减排污染物措施对温室气体减排协同效应越大，协同效果越好。反之，协同效应系数为负，则说明相关措施在减少污染物的同时，增加了温室气体排放，不能起到减污降碳协同增效作用，值越小，减效作用越明显，这样的技术或措施越不可取。从协同效应的角度出发，协同效应系数可以是衡量某项污染物减排措施或技术优劣的一项指标。协同效应系数可以比较同一区域同一污染物不同减排措施的协同效果，例如，某一区域 SO_2 结构调整措施和工程减排措施的协同效应；可以比较同一区域不同污染物相同/不同减排措施的协同效应，例如，湘潭市 SO_2 和 NO_x 结构减排/工程减排的协同效应；可以比较不同区域同一污染物、同一减排措施的协同效果，例如，攀枝花市和湘潭市 SO_2 在结构减排方面的比较。

国家政策的协同效应评价的基本思路是，首先，梳理及分析拟被评估的政策；其次，基于政策目标和主要大气污染物排放的关系，运用情景假设，核算不同替代模式下污染物及温室气体减排量的阈值，并计算各情景下的协同效应系数。

地区及城市污染减排的协同效应定量化评价方法的基本思路是，首先，明确给定区域污染减排的行业对象和具体措施；其次，将污染物减排按行业和措施分类，措施按照污染物减排的工程减排、结构减排和管理减排进行归类，依据中国《主要污染物总量减排核算细则（试行）》和《"十二五"主要污染物总量减排核算细则》中对 SO_2、NO_x 的核算方法，通过 SO_2、NO_x 的减排量来定量计算每一项污染物减排措施其相应温室气体的减排量。根据污染减排项目的种类和不同的脱硫、脱硝工艺，采用不同类别的协同效应评价方法，但是对于同类或类似的项目，则尽量归类采用相同或类似的计算方法，以减少方法上的差异而有利于在不同地区应用。

行业企业层面的污染减排协同效应定量化评价思路是，选取具体项目进行深入分析，并计算具体技术措施可实现的污染物和温室气体减排量，基于减排量计算协同效应系数。

5.3　计算方法

5.3.1　SO_2 减排协同效应计算方法

因本书同时包含示范城市"十一五"和"十二五"期间减排总量核算，为更加科学地达成对比目的，本书中所采用的计算方法综合了《主要污染物总量减排核算细则（试行）》和《"十二五"主要污染物总量减排核算细则》，SO_2 总量减排核算应根据行业特征和减排核算的基础条件差异，采用全口径和宏观核算相结合的方法，分电力、钢铁和其他 3 部分进行核算。地区减排总量首先按照行业进行划分，即

$$R=R_电+R_钢+R_{其他}$$

每个行业的核算期 SO_2 排放量等于该行业上年 SO_2 排放量与核算期新增 SO_2 排放量之和减去核算期新增 SO_2 削减量。核算公式为

$$E=E_0+E_1-R$$

式中，E——核算期 SO_2 排放量，万 t；

　　　E_0——上年 SO_2 排放量，万 t；

　　　E_1——核算期新增 SO_2 排放量，包括脱硫设施不正常运行的新增排放量，万 t；

　　　R——核算期新增 SO_2 削减量，万 t。

由于污染减排措施只涉及上式中新增 SO_2 削减量，所以本项目方法论只考虑新增 SO_2 削减量，即只考虑 R 值，以及与此对应的 CO_2 减排协同效应。新增 SO_2 削减量核算公式为

$$R=R_{工程}+R_{管理}+R_{结构}$$

式中，$R_{工程}$——新增工程削减量，万 t；

　　　$R_{管理}$——新增监督管理削减量，万 t；

$R_\text{结构}$——新增结构调整削减量，万 t。

具体而言，SO_2 总减排量等于各行业工程措施减排量加上管理措施减排量，再加上结构措施减排量，基于同样的思路，协同效应 CO_2 总减排量等于各行业工程措施减排量加上管理措施减排量，再加上结构措施减排量。

以电力行业为例：

$$R_\text{电}=R_\text{电工}+R_\text{电管}+R_\text{电结}$$

故而，对于本书中示范城市的总减排量可表示为

$$R=R_\text{电工}+R_\text{电管}+R_\text{电结}+R_\text{钢工}+R_\text{钢管}+R_\text{钢结}+R_\text{其他工}+R_\text{其他管}+R_\text{其他结}$$

其中，"其他"项基于示范城市产业构成适当调整。

5.3.1.1 电力行业减排协同效应计算方法

电力行业 SO_2 新增削减量：

$$R_\text{电}=R_\text{电工}+R_\text{电管}+R_\text{电结}$$

（1）电力行业工程减排

以现役燃煤机组脱硫工程新增削减量为例说明，现役燃煤机组脱硫工程新增削减量等于核算期新投运现役机组脱硫设施新增削减量与上年现役机组脱硫设施投运在核算期满负荷运行情况下的新增削减量、脱硫设施已运行满 1 年的机组在核算期发电量稳定增加而形成的新增削减量、已运行满 1 年的脱硫设施改造扩容或提高效率在核算期形成的新增削减量以及现役机组气体燃料替代煤炭在核算期新增削减量之和。用公式可以表示为

$$R_\text{电工}=R_\text{电新}+R_\text{电转}+R_\text{电增}+R_\text{电改}+R_\text{电替}$$

其中，主要的是现役机组新建脱硫、现役机组改建脱硫和现役机组燃料替代 3 部分。

①核算期新投运现役机组脱硫设施新增削减量为

$$R_\text{电新}=\sum_{i=1}^{n}M_i\times S_i\times\eta_i\times 1.6$$

式中，M_i——核算期新投运第 i 个现役机组脱硫设施通过 168 h 移交后第 2 个月

算起的煤炭消耗量，万 t；煤炭消耗量优先采用现场核查实际数据，并使用分月发电量校验，如无法获得以上数据，则按脱硫设施投运月数比与机组在核算期煤炭消耗量进行折算。

η_i——综合脱硫效率，为核算期新投运第 i 个现役机组脱硫设施综合脱硫效率，%。

S_i ——煤炭平均硫分，为核算期新投运第 i 个现役燃煤脱硫机组煤炭平均硫分，%。

n ——新增现役发电机组建成并投运脱硫设施个数。

1.6——根据中国环境保护部发布的《第一次全国污染源普查工业污染源排污系数手册》中煤炭硫分转化为 SO_2 的系数，即 SO_2 和 S 的质量比（64/32），再乘以煤炭中碳分转化为 CO_2 的比例系数 0.8。

②核算期现役机组改建脱硫设施新增削减量为

$$R_{电改} = \sum_{i=1}^{n} M_i \times S_i \times \left(\eta_i - \eta_{上年i} \right) \times 1.6$$

式中，M_i ——核算期第 i 个现役机组改建脱硫设施通过 168 h 移交后第 2 个月算起的煤炭消耗量，万 t；煤炭消耗量优先采用现场核查实际数据，并使用分月发电量校验，如无法获得以上数据，则按脱硫设施投运月数比与机组在核算期煤炭消耗量进行折算。

$\eta_i - \eta_{上年i}$ ——综合脱硫效率同期变化，为核算期第 i 个现役改建机组脱硫设施综合脱硫效率同期变化，%。

S_i ——煤炭平均硫分，为核算期第 i 个现役燃煤改建脱硫机组煤炭平均硫分，%。

n ——现役发电机组改建脱硫设施个数。

1.6——根据中国环境保护部发布的《第一次全国污染源普查工业污染源排污系数手册》中煤炭硫分转化为 SO_2 的系数，即 SO_2 和 S 的质量比（64/32），再乘以煤炭中碳分转化为 CO_2 的比例系数 0.8。

③核算期现役机组燃料替代新增削减量为（天然气硫含量按 0 计算）

$$R_{电替} = \sum_{i=1}^{n} M_i \times S_i \times \eta_i \times 1.6$$

式中，M_i——核算期第 i 个现役机组被替代的煤炭消耗量，万 t；

S_i——煤炭平均硫分，为核算期新投运第 i 个现役燃煤脱硫机组煤炭平均硫分，%；

η_i——综合脱硫效率，为核算期新投运第 i 个现役机组脱硫设施综合脱硫效率，%；

n ——现役发电机组建成并投运天然气替代设施个数；

1.6——根据中国环境保护部发布的《第一次全国污染源普查工业污染源产排污系数手册》中煤炭硫分转化为 SO_2 的系数，即 SO_2 和 S 的质量比（64/32），再乘以煤炭中碳分转化为 CO_2 的比例系数 0.8。

对于电力行业治理工程新增 SO_2 削减量及温室气体减排量而言，实际计算方法可大致分为以下几类：

①燃料转换

如果将发电机组燃料转换由煤改气所实现的 SO_2 减排量，视为与燃料转换前发电机组的 SO_2 排放量相等[①]，则可按下列公式计算：

$$E（SO_2） = M \times S \times（64/32 \times 0.8）$$

$$= M \times S \times 1.6$$

式中，$E（SO_2）$——燃料转换前发电机组的 SO_2 排放量，万 t；

M——年耗煤量，万 t；

S——燃煤中平均硫含量，%；

64/32——SO_2 和 S 质量比；

0.8——煤炭燃烧率[②]。

---

① 因天然气中硫含量为 0，所以 SO_2 排放量也为 0。

② 参见中国环境保护部发布的《第一次全国污染源普查工业污染源产排污系数手册》。

CO_2 减排量作为燃煤发电机组 CO_2 排放量和天然气发电机组 CO_2 排放量的差额，按下列公式计算：

$$R（CO_2）=M×C_煤×（44/12×0.8）-Q×C_气×（44/12×1.0）$$

或，因 $M=Q×H×1.4×10^{-3}$，所以：

$$R（CO_2）=M×C_煤×（44/12×0.8）-（M/H/1.4/10^{-3}）×C_气×（44/12×1.0）$$

式中，$R（CO_2）$——发电机组燃料转换所实现的 CO_2 减排量，t；

M——年耗煤量，万 t；

$C_煤$——燃煤中平均碳含量，t 碳/t；

Q——年耗气量，m^3；

$C_气$——天然气中平均碳含量，t 碳/m^3；

H——天然气热值，kg 煤/m^3。

②烟气脱硫

实施烟气脱硫工程所实现的 SO_2 减排量 $[R（SO_2）]$，用实施脱硫工程前的 SO_2 排放速度、实施脱硫工程后的 SO_2 排放速度、焦炉生产时间，按下列公式计算：

$$R（SO_2）=（V_{上年}-V_{当年}）×T×10^{-3}$$

式中，$R（SO_2）$——SO_2 减排量，t；

$V_{上年}$——实施脱硫工程前的 SO_2 排放速度，kg/h；

$V_{当年}$——实施脱硫工程后的 SO_2 排放速度，kg/h；

T——焦炉生产时间，h。

采用碳酸钙（$CaCO_3$）和氢氧化钙 $[Ca(OH)_2]$ 作为添加剂，除去燃煤火力发电机组排烟中的 SO_2 的烟气脱硫设备，有助于 SO_2 减排，但无助于 CO_2 减排。

$$CaCO_3+SO_2+1/2O_2+2H_2O \longrightarrow CaSO_4·2H_2O+CO_2$$

$$Ca(OH)_2+SO_2 \longrightarrow CaSO_3+H_2O$$

因 CO_2 和 SO_2 的质量比是 44：64，所以每实现 1 t 的 SO_2 减排量时，CO_2 排放量为 0.687 5（44/64）t。CO_2 排放量 $[E（CO_2）]$ 用实施烟气脱硫工程所实现的 SO_2 减排量 $[R（SO_2）]$ 和 CO_2 与 SO_2 的质量比（44/64），按下列公式计算：

$$E（CO_2）=R（SO_2）×（44/64）$$

不用 $CaCO_3$ 而采用氨水（NH_4OH）作为脱硫剂的工程，认为不仅溶解 SO_2 可预测 SO_2 减排量，溶解 CO_2 也能预测 CO_2 减排量。

SO_2 溶于 NH_4OH 生成硫酸铵 [$(NH_4)_2SO_4$]。化学方程式如下：

$$SO_2+1/2O_2+H_2O \longrightarrow H_2SO_4$$

$$H_2SO_4+2NH_4OH \longrightarrow (NH_4)_2SO_4+2H_2O$$

CO_2 溶于 NH_4OH 生成碳酸铵 [$(NH_4)_2CO_3$]。化学方程式如下：

$$CO_2+H_2O \longrightarrow H_2CO_3$$

$$H_2CO_3+2NH_4OH \longrightarrow (NH_4)_2CO_3+2H_2O$$

另外，SO_2 和 CO_2 的水（20℃）溶性体积比为 39 : 0.88，将其换算成重量比为（64×39）：（44×0.88）=2 496 : 39，所以采用氨水处理法每达成 1 t SO_2 减排量，CO_2 减排量为 0.015 6（39/2 496）t。

CO_2 减排量 [$R（CO_2）$] 用实施烟气脱硫工程所实现的 SO_2 减排量 [$R（SO_2）$] 和 CO_2 与 SO_2 溶解性重量比（39/249 6），按下列公式计算：

$$R（CO_2）=R（SO_2）×（39/2 496）$$

③对于脱硫设施改建，核算方式类似上述②，（$V_{上年}-V_{当年}$）变更为（$V_{改造前}-V_{改造后}$）。

（2）电力行业结构减排

电力行业结构减排主要为关停小煤电机组新增削减量、小机组与大机组电量交易新增削减量。

结构调整 SO_2 新增削减量一次性结清，核算公式为

$$R_{电结} = \sum_{i=1}^{n} E_{上年i}$$

式中，$E_{上年i}$——第 i 台关停机组上年 SO_2 排放量，t；

n——核算期关停小火电机组数。

实际计算中，以关停小火电机组为例，单台小火电机组关停全年新增 SO_2 削

减量核算公式为

$$R_{电结}=（G_{上年}-G_{当年}）/G_{上年}×E_{上年}$$

式中，$G_{当年}$、$G_{上年}$——分别为关停机组核算期当年和上年的燃料消耗量，万 t。

对于火力电厂，当年机组 SO_2 排放量公式为

$$E_{当年}=G_{当年}×S×1.6$$

式中，S ——当年的煤炭平均硫分，%；

1.6——根据中国环境保护部发布的《第一次全国污染源普查工业污染源产排污系数手册》中煤炭硫分转化为 SO_2 的系数，即 SO_2 和 S 的质量比（64/32），再乘以煤炭燃烧率 0.8。

同理，上年机组 SO_2 排放量公式可以采用：

$$E_{上年}=G_{上年}×S×1.6$$

因此，当机组关停，$G_{当年}=0$ 时，$R_{电结}=E_{上年}=G_{上年}×S×1.6$。

实施该结构调整措施达到 CO_2 减排效果的思路，如果视 CO_2 减排量与关闭设备的 CO_2 年排放量相等，也就是说不论考虑 SO_2 还是 CO_2，来源都是煤炭，而且煤炭含量相同。为此，可以采用上述公式，将煤炭中 S 的含量置换成 C 的含量，即结构调整措施 CO_2 减排效果的核算公式为

$$E（CO_2）=M×C×（44/12×0.8）×100$$

式中，M ——机组关停前燃料煤消耗量，万 t；

C ——煤炭平均碳分，%；

44/12——CO_2 和 C 质量比；

0.8——煤炭中碳分转化为 CO_2 的比例系数[①]。

（3）电力行业管理减排

加强管理 SO_2 新增削减量，是指脱硫设施通过取消旁路等措施增加的 SO_2 削减量。

---

① 参见中国环境保护部发布的《第一次全国污染源普查工业污染源产排污系数手册》。

管理减排核算公式为

$$R_{电管} = \sum_{i=1}^{n} M_i \times S_i \times (\eta_i - \eta_{上年i}) \times 1.6$$

式中，M_i——核算期第 i 个现役机组加强管理后的煤炭消耗量，万 t；煤炭消耗量优先采用现场核查实际数据，并使用分月发电量校验，如无法获得以上数据，则按脱硫设施投运月数比与机组在核算期煤炭消耗量进行折算。

$\eta_i - \eta_{上年i}$——综合脱硫效率同期变化，为核算期第 i 个现役管理减排机组综合脱硫率同期变化，%。

S_i——煤炭平均硫分，为核算期第 i 个现役管理及安排燃煤机组煤炭平均硫分，%。

n——现役发电机组管理减排机组个数。

1.6——根据中国环境保护部发布的《第一次全国污染源普查工业污染源产排污系数手册》中煤炭硫分转化为 SO_2 的系数，即 SO_2 和 S 的质量比（64/32），再乘以煤炭中碳分转化为 CO_2 的比例系数 0.8。

单台小火电机组管理措施全年新增 SO_2 削减量核算的公式：

$$R_{电管} = (\eta_i - \eta_{上年i}) \times E_{当年}$$

式中，$E_{当年}$——管理减排机组核算期当年燃料消耗量，万 t；

$\eta_i - \eta_{上年i}$——综合脱硫效率同期变化，为核算期第 i 个现役管理减排机组综合脱硫率同期变化，%。

对于火力电厂，当年机组 SO_2 排放量公式为

$$E_{当年} = G_{当年} \times S \times 1.6$$

式中，S——当年的煤炭平均硫分，%；

1.6——根据中国环境保护部发布的《第一次全国污染源普查工业污染源产排污系数手册》中煤炭硫分转化为 SO_2 的系数，即 SO_2 和 S 的质量比（64/32），再乘以煤炭中碳分转化为 CO_2 的比例系数 0.8。

因此，当机组实施管理减排，$R_{普}=G_{当年}\times S\times 1.6\times(\eta-\eta_{上年})$。

实施该管理措施达到 CO_2 减排效果的思路，如果视 CO_2 减排量与关闭设备的 CO_2 年排放量相等，也就是说不论考虑 SO_2 还是 CO_2，来源都是煤炭，而且煤炭含量相同。为此，可以采用上述公式，将煤炭中 S 的含量换成 C 的含量，即管理措施 CO_2 减排效果的核算公式为

$$E(CO_2)=M\times C\times(44/12\times 0.8)\times 100$$

式中，M——机组管理措施实施后燃料煤炭消耗量，万 t；

C——煤炭平均碳分，%；

44/12——CO_2 和 C 质量比；

0.8——煤炭中碳分转化为 CO_2 的比例系数[1]。

5.3.1.2 钢铁行业

（1）钢铁行业 SO_2 新增削减量

治理工程 SO_2 新增削减量，是指烧结机采取具有长期稳定减排效果的治理工程减少的 SO_2 排放量，主要包括烧结机（团球设备）新建、改建脱硫设施两部分。此外，在本书所涉及的湘钢案例中，余热余压发电所取得的减排量也归于工程减排。用公式可以表示为

$$R_{钢工}=R_{钢工新}+R_{钢工改}+R_{钢工其他}$$

$$R_{钢工新}=\sum_{i=1}^{n}(M_i\times S_i+M_i'\times S_i')\times \eta_i\times a$$

式中，M_i——核算期第 i 台烧结机（团球设备）新建脱硫设施后的铁矿石使用量，万 t；

S_i——核算期第 i 台烧结机（团球设备）新建脱硫设施后所用铁矿石平均硫分，%；

M_i'——核算期第 i 台烧结机（团球设备）新建脱硫设施后的固体燃料使用量，万 t；

---

[1] 参见中国环境保护部发布的《第一次全国污染源普查工业污染源产排污系数手册》。

S_i'——核算期第 i 台烧结机（团球设备）新建脱硫设施后所用固体燃料平均硫分，%；

a——入炉混合料综合二氧化硫转化系数，即从 S 到 SO_2 的转化系数；

η_i——核算期第 i 台烧结机（团球设备）新建脱硫设施后综合脱硫效率，%。

$$R_{钢工改}=\sum_{i=1}^{n}(M_i \times S_i + M_i' \times S_i') \times (\eta_i - \eta_{上年i}) \times a$$

式中，$\eta_i - \eta_{上年i}$——综合脱硫效率同期变化，为核算期第 i 个现役机组综合脱硫率同期变化，%；

其他同上。

①实际案例运算中，M_i 与 M_i' 合并作为烧结入炉料核算，因此单台炉 SO_2 的排放量为

$$R（SO_2）=M \times S \times \eta \times \beta$$

式中，M——核算期烧结入炉料消耗量，万 t；

S——烧结入炉料平均硫分，%；

η——机组核算期综合脱硫效率，%；

β——烧结机入炉料硫分转化为 SO_2 的系数。

CO_2 减排量核算同前述电力行业烟气脱硫。采用 $CaCO_3$ 作为脱硫添加剂的脱硫治理对 CO_2 减排的协同效应按下列公式计算：

$$R（CO_2）=R（SO_2）\times 0.687\ 5$$

式中，$R（CO_2）$——烧结机烟气脱硫对 CO_2 减排的协同效应量，t。

②对于脱硫改建，单台炉核算一般为

$$R（SO_2）=M \times S \times (\eta - \eta_{前}) \times \beta$$

式中，$\eta - \eta_{前}$——机组核算期综合脱硫效率变化，%；

其他同上。

③余热和余压回收利用从技术上来说属于工程措施减排，因此本书中湘钢案例将其归于工程减排。如果将焦炉引进 CDQ 等设备所实现的 SO_2 减排量，视为

与被替代的燃煤火力发电的 SO_2 年排放量相等，可按下列公式计算：

$$E（SO_2）=P×EF（SO_2）$$

式中，$E（SO_2）$——被替代的燃煤火力发电的 SO_2 的年排放量，t；

　　　　P—— CDQ 设备年发电量，万 $MW·h$，估计值；

　　　　$EF（SO_2）$—— 燃煤火力发电的 SO_2 排放系数，$t SO_2/（MW·h）$，估计值。

如果将 CO_2 减排量视为与被替代的燃煤火力发电的 CO_2 年排放量相等，可按下列公式计算：

$$E（CO_2）=P×EF（CO_2）$$

式中，$E（CO_2）$——被替代的燃煤火力发电的 CO_2 的排放量，t；

　　　　P—— CDQ 设备年发电量，万 $MW·h$，估计值；

　　　　$EF（CO_2）$——燃煤火力发电 CO_2 的排放系数，$t CO_2/（MW·h）$，估计值。

（2）钢铁行业结构减排

钢铁行业结构减排主要为关停有烧结机的小钢铁厂的新增削减量。

实施钢铁厂（烧结炉）的结构调整措施，关停小钢铁厂 SO_2 全年新增减排量核算公式为

$$R_{钢结}=（G_{上年}-G_{当年}）/G_{上年}×E_{上年}$$

式中，$E_{上年}$——上年同期关停小钢铁厂环境统计数据库的 SO_2 的排放量，万 t；

　　　　$G_{当年}$、$G_{上年}$——分别为当年和上年关停烧结机核算期的烧结料产量，万 t。

同样，当项目关停，$G_{当年}=0$ 时，$R_{钢结}=E_{上年}$。

根据《环境统计报表填报指南》细则附表五——淘汰落后工业设施的 SO_2 排放系数表，钢铁生产项目关停前统计数据 SO_2 排放量可以用污染物排放系数法计算，如下式：

$$E（SO_2）_{上年}=SO_2\text{-}EF×P×10^{-7}$$

式中，$E（SO_2）_{上年}$——关停的小钢铁厂（烧结炉）上年的 SO_2 排放量，万 t；

　　　　$SO_2\text{-}EF$——烧结炉的单位产品 SO_2 排放量，$kg SO_2/t$ 烧结钢；

　　　　P——该烧结炉的烧结矿产量，t 烧结钢/a。

将"烧结炉的单位产品 SO_2 排放量"转换为"烧结炉的单位产品 CO_2 排放量"，即 CO_2 减排量的核算方法参照 SO_2 进行，只是计算所用排放系数不同，SO_2 的减排量用 SO_2 排放系数，相应地，CO_2 的减排量用 CO_2 排放系数，CO_2 排放系数是根据相应的工艺和方法（主要是物料平衡法）得出。这里视 CO_2 减排量与关闭设备的 CO_2 年排放量相等，也就是说不论考虑 SO_2 还是 CO_2，关闭前后单位产品产量排放的 SO_2 或 CO_2 都分别是相同的，而且产品产量相同，这样就可以得到计算关停烧结炉削减的 CO_2 排放量的计算方法和计算公式。即

$$E（CO_2）_{上年}=CO_2\text{-}EF×P×10^{-7}$$

式中，$E（CO_2）_{上年}$——关停的小钢铁厂（烧结炉）上年的 CO_2 排放量，万 t；

$CO_2\text{-}EF$——烧结炉的单位产品 CO_2 排放量，kg CO_2/t 烧结钢；

P——该烧结炉的烧结钢产量，t 烧结钢/a。

（3）钢铁行业管理减排

钢铁行业管理措施新增 SO_2 削减量主要考虑循环流化床锅炉内脱硫设施在线监测确认的新增削减量、脱硫设施提高运行率新增削减量、进行清洁生产审核并实施其方案形成的新增削减量。

实施管理减排，生产效率提高，单位产品产量的物耗、能耗降低，单位产品的污染物排放量也降低，即单位产品的污染物排放系数下降，因此可以用管理减排前后污染物排放系数的差异计算减排量。即

$$R（SO_2）=［SO_2\text{-}EF（减排前）-SO_2\text{-}EF（减排后）］×P$$

式中，$R（SO_2）$——SO_2 的减排量，万 t；

$SO_2\text{-}EF$——锅炉内单位产品 SO_2 的减排量，kg/t；

P——锅炉内产品产量，t 产量/a。

同样，使用 CO_2 排放系数代替上式中 SO_2 排放系数可以得到实施管理减排措施后的 CO_2 减排量：

$$R（CO_2）=［CO_2\text{-}EF（减排前）-CO_2\text{-}EF（减排后）］×P$$

式中，$R(CO_2)$——CO_2的减排量，万 t；

CO_2-EF——锅炉内单位产品 CO_2 的减排量，kg/t；

P——锅炉内产品产量，t 产量/a。

5.3.1.3 其他行业

其他行业 SO_2 新增削减量核算同样分为工程治理措施、管理措施和结构调整措施三类进行，原理及核算公式同电力行业、钢铁行业相类似，鉴于后文阐述具体案例分析计算，本节不做赘述。

5.3.2 NO$_x$ 减排协同效应计算方法

NO_x 总量减排核算同样根据行业特征和减排核算的基础条件差异，采用全口径和宏观核算相结合的方法，依据《"十二五"主要污染物总量减排核算方法》分电力、水泥、交通和其他 4 部分进行核算。地区减排总量首先按照行业进行划分，即

$$R=R_{电}+R_{水泥}+R_{交通}+R_{其他}$$

与 SO_2 相似，本项目方法论只考虑新增 NO_x 削减量，即只考虑 R 值，以及与此对应的 CO_2 减排协同效应。新增 NO_x 削减量核算公式为

$$R=R_{工程}+R_{管理}+R_{结构}$$

式中，$R_{工程}$——新增工程削减量，万 t；

$R_{管理}$——新增监督管理削减量，万 t；

$R_{结构}$——新增结构调整削减量，万 t。

具体而言，NO_x 总减排量等于各行业工程措施减排量加上管理措施减排量，再加上结构措施减排量，基于同样的思路，协同效应 CO_2 总减排量等于各行业工程措施减排量加上管理措施减排量，再加上结构措施减排量。

以电力行业为例：

$$R_{电}=R_{电工}+R_{电管}+R_{电结}$$

故而，对于本书中的示范城市，总减排量可表示为

$$R=R_{电工}+R_{电管}+R_{电结}+R_{水泥工}+R_{水泥管}+R_{水泥结}+R_{交通工}+$$

$$R_{交通管}+R_{交通结}+R_{其他工}+R_{其他管}+R_{其他结}$$

其中，"其他"项基于示范城市产业构成适当调整，"交通"项未做考虑。

5.3.2.1 电力行业

核算期内电力行业 NO_x 削减量，是指通过实施治理工程、加强管理和结构调整新增的连续长期稳定的 NO_x 削减量。采用项目累加法进行核算，核算公式为

$$R_{电}=R_{电工}+R_{电管}+R_{电结}$$

式中，$R_{电}$——核算期电力行业 NO_x 的削减量，t；

$R_{电工}$——核算期电力行业治理工程 NO_x 的削减量，t；

$R_{电管}$——核算期电力行业已有脱硝设施通过加强管理 NO_x 的削减量，t；

$R_{电结}$——核算期电力行业结构调整 NO_x 的削减量，t。

相应地，温室气体 N_2O 和 CO_2 的削减量可以表示为

$$R_{电\text{-}N_2O}=R_{电工\text{-}N_2O}+R_{电管\text{-}N_2O}+R_{电结\text{-}N_2O}$$

$$R_{电\text{-}CO_2}=R_{电工\text{-}CO_2}+R_{电管\text{-}CO_2}+R_{电结\text{-}CO_2}$$

（1）电力行业工程减排

治理工程 NO_x 削减量，是指机组采取具有连续长期稳定减排效果的治理工程减少的 NO_x 排放量，含新建机组同步建成的脱硝设施，包括新建、改建治理工程 NO_x 削减量和实施煤改气工程 NO_x 削减量两部分：

$$R_{电工}=R_{电工治理}+R_{电工煤改气}$$

①新建、改建治理工程

新建、改建治理工程主要包括新建或改建脱硝设施，进行低氮燃烧技术改造和既新建、改建脱硝设施又进行低氮燃烧技术改造。

a. NO_x 削减量的核算

NO_x 削减量核算公式为

$$R_{电工治理\text{-}NO_x} = \sum_{i=1}^{n} M_i \times ef_{i\text{-}NO_x} \times \eta_i \times 10$$

式中，$R_{电工治理\text{-}NO_x}$——核算期新建、改建治理工程 NO_x 的削减量，t；

M_i——核算期第 i 台机组实施治理工程后的煤炭消耗量，万 t；

$ef_{i\text{-}NO_x}$——核算期第 i 台机组 NO_x 产污系数，kg/t 煤；

η_i——核算期第 i 台机组实施治理工程后的去污效率，%（对于新建或改建脱硝设施的，η_i 为脱硝设施综合脱硝效率；对于低氮燃烧改造的，η_i 为改造后达到的 NO_x 去除率；对于实施组合治理的，η_i 为组合去污效率）；

n——核算期内实施新建、改建治理工程的机组台数，台。

b. 温室气体——N_2O 削减量的核算

由于是对已经产生的烟气进行治理，不会使燃料使用量减少，所以对于主要因为燃料使用量减少而产生的 N_2O 减排影响不大；但是，治理措施本身对 N_2O 的产生量可能有影响。

若采用低氮燃烧技术，N_2O 会随着 NO_x 总量的减少而减少，因此，实施新建、改建治理工程（采用低氮燃烧技术）产生的温室气体 N_2O 削减量核算公式为

$$R_{电工治理\text{-}N_2O} = \sum_{i=1}^{n} M_i \times ef_{i\text{-}N_2O} \times \eta_i \times 10$$

式中，$R_{电工治理\text{-}N_2O}$——核算期新建、改建治理工程（采用低氮燃烧技术）温室气体 N_2O 削减量，t；

$ef_{i\text{-}N_2O}$——该机组 N_2O 的排放系数，3.57×10^{-2} kg/t 煤，引用自 IPCC。

其他符号意义同上。

若采用选择性非催化还原 SNCR 脱硝工艺，用尿素作为还原剂的脱硝项目，根据下面的脱硝反应公式，N_2O 排放量反而增加。

$$(NH_2)_2CO \longrightarrow NH_3 + HNCO$$

$$HNCO + OH \longrightarrow NCO + H_2O$$

$$NCO + NO \longrightarrow N_2O + CO$$

在尿素 SNCR 系统中，近 30% 的 NO_x 可被转换为 N_2O。

用氨作还原剂时，也可能发生如下反应，产生 N_2O，但其产生浓度比尿素系统要低。

$$NH_3+2OH \longrightarrow NH+2H_2O$$

$$NH+NO \longrightarrow N_2O+H$$

一般情况下，N_2O 的生成量随 NO_x 脱除率的增加而增加，在 SNCR 脱硝过程中，有 10%~25%转化为 N_2O。

因此实施新建、改建治理工程（采用 SNCR 技术）产生的温室气体 N_2O 增加量核算公式为

$$R_{\text{电工治理-N}_2\text{O}} = \sum_{i=1}^{n} M_i \times \text{ef}_{i\text{-NO}_x} \times \eta_i \times \delta_i \times 10$$

式中，$R_{\text{电工治理-N}_2\text{O}}$——核算期新建、改建治理工程（采用 SNCR 技术）温室气体 N_2O 的增加量，t；

　　　　$\text{ef}_{i\text{-N}_2\text{O}}$——核算期第 i 台机组 N_2O 的排污系数；

　　　　δ_i——核算期第 i 台机组 N_2O 的转化率，视脱硝工艺不同，取值在 10%~25%；

　　　　η_i——核算期第 i 台机组实施治理工程后的去污效率，%。

若采用 SCR 脱硝工艺，以尿素作还原剂，以钛、钒等的氧化物为触媒，将 NO_x 还原为氮气，与 SNCR 法类似，还原剂 NH_3 发生副反应生成 N_2O，N_2O 增加量核算公式参照采用 SNCR 技术核算公式。

c. CO_2 削减量的核算

CO_2 排放的削减量可以表示为

$$R_{\text{电工治理-CO}_2} = \sum_{i=1}^{n} M_i \times \varepsilon_{i\text{-CO}_2}$$

式中，$R_{\text{电工治理-CO}_2}$——核算期新建、改建治理工程 CO_2 的削减量，t。

　　　　M_i——核算期第 i 台机组实施治理工程后的煤炭消耗量，万 t。

$\varepsilon_{i\text{-}CO_2}$——核算期第 i 台机组实施治理工程后的 CO_2 减排系数，其表征的是实施治理工程后每单位燃煤削减的 CO_2 排放量，包括直接减排系数和间接减排系数（间接减排系数指由于节能而产生的减排效果，若脱硝工艺会使燃料使用量增加，则间接减排系数为负值），kg/t 燃煤。根据毛显强等[1]的研究，若以单位发电量表征 CO_2 减排系数（φ）[单位：kg/（MW·h）]，低氮燃烧技术对 CO_2 的减排系数为 3.881 kg/（MW·h），烟气脱硝技术本身会增加能源消耗量，进而增加 CO_2 排放，因此 CO_2 减排系数为负值 -3.071 kg/（MW·h）；而 $\varepsilon_{i\text{-}CO_2}=W\times\varphi$，其中 W 为单位燃煤的发电量，MW·h/t 燃煤。

n——核算期内实施新建、改建治理工程的机组台数，台。

②煤改气工程

根据中国电力行业现状和未来发展预期，可将电力行业能源结构调整措施划分为天然气发电、水电、核电以及风电、生物质能、太阳能等新能源发电替代传统燃煤发电，实现电力结构优化，从而实现 SO_2、NO_x 和 CO_2 的协同减排。

a. NO_x 削减量的核算

煤改气机组 NO_x 削减量核算公式为

$$R_{\text{电工煤改气-}NO_x} = \sum_{i=1}^{n}\left(E_{i\text{上年-}NO_x}\times\frac{m}{12}-G_i\times\text{ef}_{i\text{-}NO_x}\times 10^{-3}\right)$$

式中，$R_{\text{电工煤改气-}NO_x}$——核算期实施煤改气工程的 NO_x 新增削减量，t；

$E_{i\text{上年-}NO_x}$——上年同期机组 NO_x 的排放量，t；

m——核算期实施煤改气工程的月数；

G_i——核算期第 i 台机组燃气的消耗量，万 m^3；

$\text{ef}_{i\text{-}NO_x}$——燃气机组 NO_x 排污系数，kg/万 m^3，统一按 16.6 kg/万 m^3 取值；

---

① 毛显强，刑有凯，胡涛，等. 中国电力行业硫、氮、碳协同减排的环境经济路径分析[J]. 中国环境科学，2012，32（4）：748-756.

n ——核算期实施煤改气的机组总数，台。

b. N_2O 削减量的核算

实施煤改气工程的温室气体 N_2O 削减量核算公式为

$$R_{电工煤改气\text{-}N_2O} = \sum_{i=1}^{n} \left(M_{上年i} \times ef_{上年i\text{-}N_2O} \times \frac{m}{12} \times 10^{-3} - G_i \times ef_{i\text{-}N_2O} \times 10^{-3} \right)$$

式中，$R_{电工煤改气\text{-}N_2O}$ ——核算期内煤改气工程温室气体 N_2O 的削减量，t；

　　$M_{上年i}$ ——上年同期机组燃煤的消耗量，t；

　　$ef_{上年i\text{-}N_2O}$ ——上年同期机组 N_2O 排放系数，kg/t 煤；

　　$ef_{i\text{-}N_2O}$ ——燃气机组 N_2O 排污系数，kg/万 m^3；

　　其他符号意义同上。

c. CO_2 削减量的核算

对于能源结构调整过程中 CO_2 排放的削减量，可以用以下 2 种方法表示。

方法一：在忽略天然气泄漏等问题的前提下，CO_2 减排量所产生的 CO_2 应表示为燃煤和燃气的 CO_2 排放量差值，计算方法如下：

$$R_{电工煤改气\text{-}CO_2} = \sum_{i=1}^{n} M_{煤} \times ef_{煤} \times (44/12) - Q_{气} \times ef_{气} \times (44/12)$$

式中，$R_{电工煤改气\text{-}CO_2}$ ——核算期内实施煤改气等新能源利用工程后的 CO_2 的削减量，t；

　　$M_{煤}$ ——按照新增清洁燃料消耗量等热值原则计算核算期内第 i 台机组的替代原煤量，t；

　　$Q_{气}$ ——新增清洁燃料消耗量，m^3；

　　$ef_{煤}$ ——燃煤的碳排放系数，其表征的是单位质量燃煤的碳排放量，t C/t 煤（根据项目一期实测数据，$ef_{煤} = C_{煤} \times 0.8$，$C_{煤}$ 为燃煤中平均碳含量，t C/t 煤）；

　　$ef_{气}$ ——天然气燃烧的碳排放系数，其表征的是单位体积燃气的碳排放量，t C/m^3 燃气（根据项目一期实测数据，$ef_{气} = C_{气} \times 1.0$，$C_{气}$ 为天然气中平均碳含量，t C/m^3）；

44/12——CO_2 和 C 的质量比；

n——核算期内实施煤改气工程的机组台数，台。

方法二：

$$R_{\text{电工煤改气-}CO_2}=\sum_{i=1}^{n}Q_i \times \varepsilon_i$$

式中，$R_{\text{电工煤改气-}CO_2}$——核算期内实施煤改气等新能源利用工程后的 CO_2 削减量，t；

Q_i——核算期第 i 台机组实施煤改气工程后的总发电量，MW·h；

ε_i——核算期第 i 台机组实施煤改气等新能源利用工程后的减排系数，其表征的是实施治理工程后每单位发电量削减的 CO_2 排放量，包括直接减排系数和间接减排系数（间接减排系数是指由于节能而产生的减排效果，由节能量和能源污染排放系数计算获得），kg/（MW·h）；[①]；

n——核算期内实施煤改气工程的机组台数，台。

（2）电力行业结构减排

结构减排措施主要包括淘汰落后的产能项目等。

①NO_x 削减量的核算

结构调整 NO_x 新增削减量一次性结清，核算公式为

$$R_{\text{电结-}NO_x}=\sum_{i=1}^{n}E_{\text{上年}i\text{-}NO_x}$$

式中，$R_{\text{电结-}NO_x}$——第 i 台机组关闭后产生的 NO_x 削减量，t；

$E_{\text{上年}i\text{-}NO_x}$——第 i 台关停机组在上年环境统计中的 NO_x 排放量，t；

n——核算期关停的火电机组台数，台。

②N_2O 削减量的核算

结构减排措施产生的温室气体 N_2O 削减量核算公式为

---

① 根据毛显强等的研究，改用天然气发电后 CO_2 减排系数为 576.29 kg/（MW·h），改用水电后 CO_2 减排系数为 922.81 kg/（MW·h），改用核电后 CO_2 减排系数为 942.11 kg/（MW·h），改用风电后 CO_2 减排系数为 942.11 kg/（MW·h），改用生物质发电后 CO_2 减排系数为 942.11 kg/（MW·h），改用光伏发电后 CO_2 减排系数为 942.11 kg/（MW·h）。

$$R_{\text{电结-N}_2\text{O}} = \sum_{i=1}^{n} M_{\text{上年}i} \times \text{ef}_{\text{上年}i\text{-N}_2\text{O}} \times 10^{-3}$$

式中，$R_{\text{电结-N}_2\text{O}}$——第 i 台机组关闭后产生的温室气体 N_2O 的削减量，t；

$M_{\text{上年}i}$——第 i 台关停机组在上年环境统计中燃料的消耗量，t；

$\text{ef}_{\text{上年}i\text{-N}_2\text{O}}$——上年同期该机组 N_2O 的排放系数，kg/t 煤；

n——核算期关停的火电机组台数，台。

③CO_2 削减量的核算

结构减排措施主要包括淘汰落后产能项目等，结构减排措施产生的温室气体 CO_2 削减量核算公式为

$$R_{\text{电结-CO}_2} = \sum_{i=1}^{n} M_{\text{上年}i} \times \text{ef}_i \times (44/12)$$

式中，$R_{\text{电结-CO}_2}$——第 i 台机组关闭后产生的温室气体 CO_2 的削减量，t；

$M_{\text{上年}i}$——第 i 台关停机组在上年环境统计中燃料的消耗量，t；

$\text{ef}_{\text{上年}i\text{-CO}_2}$——上年同期该机组的碳排放系数，t C/t 煤；

n——核算期关停的火电机组台数，台；

44/12——CO_2 和 C 的质量比。

（3）电力行业管理减排

通过加强管理产生的 NO_x 削减量，是指脱硝设施通过增加催化剂层数、提高设施投运率和 NO_x 去除效率等措施产生的 NO_x 削减量，核算思路与新建、改建治理工程 NO_x 的削减量相同。

5.3.2.2 水泥行业

水泥行业 NO_x 削减量，是指通过实施治理工程、加强管理和结构调整产生的连续长期稳定的 NO_x 削减量。按工程减排、管理减排和结构减排三种类别，采用项目累加法进行核算。

$$R_{\text{水泥-NO}_x} = R_{\text{水泥工-NO}_x} + R_{\text{水泥管-NO}_x} + R_{\text{水泥结-NO}_x}$$

式中，$R_{\text{水泥-NO}_x}$——核算期水泥行业 NO_x 的削减量，t；

$R_{\text{水泥工-NO}_x}$——核算期水泥行业治理工程 NO_x 的削减量，t；

$R_{\text{水泥管-NO}_x}$——核算期水泥行业已有脱硝设施通过加强管理 NO_x 的削减量，t；

$R_{\text{水泥结-NO}_x}$——核算期水泥行业结构调整 NO_x 的削减量，t。

相应地，温室气体 N_2O 和 CO_2 的削减量可以表示为

$$R_{\text{水泥-N}_2\text{O}} = R_{\text{水泥工-N}_2\text{O}} + R_{\text{水泥管-N}_2\text{O}} + R_{\text{水泥结-N}_2\text{O}}$$

$$R_{\text{水泥-CO}_2} = R_{\text{水泥工-CO}_2} + R_{\text{水泥管-CO}_2} + R_{\text{水泥结-CO}_2}$$

水泥行业中的 CO_2 主要是由水泥生产过程中 $CaCO_3$ 分解和煤炭燃烧过程而直接产生的。一方面，作为水泥行业的主要 NO_x 控制对策，引入低 NO_x 燃烧技术和实施脱硝设施与温室效应气体 CO_2 排放量变化之间没有太大的直接相关性，因此很难定量化评估实施减排的效果；另一方面，引入脱硝设备本身也会增加能源消耗，因此可能会导致温室效应气体的排放量增加。

制造水泥中间产品——水泥熟料时，由于在以 $CaCO_3$ 为主要成分的石灰石的烧成过程中，将排放 CO_2，反应方程式如下：

$$CaCO_3 \longrightarrow CaO + CO_2$$

因此，在本研究中对水泥行业污染控制对 CO_2 排放的影响不局限于具体的 NO_x 控制对策，而是综合考虑水泥制造工艺，分别估算工程减排、管理减排和结构减排 3 项措施中燃料使用和原料替换这两方面因素对 CO_2 减排的影响。

$$R_{\text{水泥-CO}_2} = R_{\text{燃料-CO}_2} + R_{\text{原料-CO}_2}$$

式中，$R_{\text{水泥-CO}_2}$——核算期水泥行业 CO_2 减排总量，t；

$\quad\quad R_{\text{燃料-CO}_2}$——核算期水泥行业由于燃料使用量减少或替代燃料使用造成的 CO_2 的减排量，t；

$\quad\quad R_{\text{原料-CO}_2}$——核算期水泥行业改变原料或熟料化学成分减排造成的 CO_2 的减排量，t。

（1）水泥行业工程减排

治理工程 NO_x 削减量，是指水泥窑采取的具有连续长期稳定减排效果的治理工程减少 NO_x 的排放量，含新建水泥窑同步建成的 NO_x 治理设施。

①NO_x 削减量的核算

核算公式：

$$R_{水泥工-NO_x} = \sum_{i=1}^{n} P_i \times ef_{i\text{-}NO_x} \times \eta_i \times 10$$

式中，$R_{水泥工-NO_x}$——核算期新建、改建治理工程 NO_x 的削减量，t；

P_i——核算期第 i 个水泥窑采取治理工程后水泥熟料的产量，万 t；

$ef_{i\text{-}NO_x}$——核算期第 i 个水泥窑 NO_x 的排污系数，kg/t 熟料；

η_i——核算期第 i 个水泥生产线 NO_x 的去除率，%；

n——核算期采取 NO_x 治理工程的水泥窑条数，条。

水泥窑 NO_x 排污系数的计算方式如下：

a. 企业无烟煤的热值取值：5 687 kcal/kg，标准煤的热值为 7 000 kcal/kg，NO_x 的排污系数取值：7.5 kg/t 煤。因此，水泥窑 NO_x 排污系数（$ef_{i\text{-}NO_x}$）=7.5×单位熟料平均热耗×7 000/5 687，各工艺的 NO_x 排放系数见表 5-1。

表 5-1　各种水泥窑工艺的 NO_x 排污系数　　　　　单位：kg/t 熟料

	立窑	立波尔窑	湿法窑	干法中空窑	预热窑	大型分解窑
平均热耗（煤）	200	170	280	240	240	140
NO_x 的排污系数	1.846	1.569	2.584	2.216	2.216	1.292

注：作者根据调研数据整理。

b. 水泥制造行业产排污系数。

②N_2O 削减量的核算

与电力行业工程减排相同，水泥行业工程减排措施也会对温室气体 N_2O 产生影响，既有可能削减也有可能增加，视脱硝工艺不同而分为以下两种。

a. 实施新建、改建治理工程（采用低氮燃烧技术）产生的温室气体 N_2O 削减量核算公式为

$$R_{水泥工\text{-}N_2O} = \sum_{i=1}^{n} P_i \times \mathrm{ef}_{i\text{-}N_2O} \times \eta_i \times 10$$

式中，$R_{水泥工\text{-}N_2O}$——核算期新建、改建治理工程（采用低氮燃烧技术）温室气体 N_2O 的削减量，t；

P_i——核算期第 i 个水泥窑采取治理工程后水泥熟料的产量，万 t；

$\mathrm{ef}_{i\text{-}N_2O}$——核算期第 i 个水泥窑 N_2O 的排污系数，kg/t 熟料；

η_i——核算期第 i 个水泥生产线 NO_x 的去除率，%；

n——核算期采取 NO_x 治理工程的水泥窑条数，条。

水泥窑 N_2O 排污系数的计算方式如下：

企业无烟煤的热值取值：5 687 kcal/kg，标准煤的热值为 7 000 kcal/kg，N_2O 的排放系数取值：3.57×10^{-2} kg/t 煤。因此，水泥窑 N_2O 排放系数（$\mathrm{ef}_{i\text{-}N_2O}$）$= 3.57 \times 10^{-2} \times$ 单位熟料平均热耗$\times 7\,000/5\,687$，各工艺的 N_2O 排放系数见表 5-2。

表 5-2　各种水泥窑工艺的 N_2O 排放系数

	立窑	立波尔窑	湿法窑	干法中空窑	预热窑	大型分解窑
平均热耗（煤）/ （kg/t 熟料）	200	170	280	240	240	140
N_2O 的排放系数/ （kg/t 熟料，10^{-2}）	0.879	0.747	1.230	1.055	1.055	0.615

注：作者根据调研数据整理。

b. 实施新建、改建治理工程（采用 SNCR、SCR 技术）产生的温室气体 N_2O 增加量核算公式为

$$R_{水泥工\text{-}N_2O} = \sum_{i=1}^{n} P_i \times \mathrm{ef}_{i\text{-}N_2O} \times \eta_i \times \delta_i \times 10$$

式中，$R_{水泥工\text{-}N_2O}$——核算期新建、改建治理工程（采用SNCR、SCR技术）温室气体 N_2O 的增加量，t；

$\mathrm{ef}_{i\text{-}N_2O}$——核算期第 i 台机组 N_2O 的排污系数，kg/t 熟料；

δ_i——核算期第 i 台机组 N_2O 的转化率，视脱硝工艺不同，取值在 10%～25%；

η_i——核算期第 i 台机组实施治理工程后的去污效率，%；

③CO_2 削减量的核算

a. 燃料使用量

低氮燃烧技术或烟气脱硝技术会改变水泥行业燃料的使用量，进而改变 CO_2 的排放量：

$$R_{水泥工-燃料CO_2} = \sum_{i=1}^{n} \Delta M \times ef_C \times 44/12$$

式中，$R_{水泥工-燃料CO_2}$——核算期内由于引入低氮燃烧技术或者脱硝技术造成的 CO_2 排放的削减量，t；

ΔM——低氮燃烧技术或者脱硝技术造成燃料消耗量的减少或增加量，t；

ef_C——使用的化石燃料燃烧的碳的排放系数，t C/t 煤；

n——核算期淘汰的水泥生产线条数，条。

b. 替代燃料的应用

水泥行业替代燃料的应用，即以可燃废弃物（如其他企业排放的活性污泥、废旧轮胎等）替代煤炭为燃料造成的 CO_2 的削减量，可作为水泥代用燃料的有废轮胎、废橡胶、废塑料、活性炭污泥、废白土、造纸污泥、焦炭等，利用可燃性废物代替部分或大部分燃煤，既处置了废料，又节约了能源，同时也减少了 CO_2 等温室气体的排放。

核算公式为

$$R_{水泥工-替代燃料CO_2} = \sum_{i=1}^{n} M_煤 \times ef_煤 \times (44/12) - M_{替代燃料} \times ef_{替代燃料} \times (44/12)$$

式中，$R_{水泥工-替代燃料CO_2}$——核算期内实施替代燃料的应用造成的 CO_2 的削减量，t；

$M_煤$——按照新增替代燃料消耗量等热值原则计算核算期内第 i 个水泥窑的替代原煤量，t；

$M_{替代燃料}$——新增替代燃料消耗量，m^3；

ef$_{煤}$——燃煤的碳排放系数，其表征的是单位质量燃煤的碳排放量，t C/t煤；

ef$_{替代燃料}$——替代燃料的碳排放系数，其表征的是单位体积替代燃料的碳排放量，t C/t替代燃料；

n——核算期内实施替代燃料应用工程的水泥生产线条数，条。

（2）水泥行业结构减排

①NO$_x$削减量的核算

结构调整，是指永久关闭的水泥窑生产线，NO$_x$新增削减量一次性结清。核算公式为

$$R_{水泥结-NO_x} = \sum_{i=1}^{n} E_{上年i-NO_x} = P_{上年i} \times ef_{上年i} \times 10$$

式中，$R_{水泥结-NO_x}$——核算期内关闭水泥窑生产线产生的NO$_x$减排量，t；

$E_{上年i-NO_x}$——第i个关停的水泥窑在上年环境统计中的NO$_x$排放量，t；

n——核算期淘汰的水泥生产线条数，条。

②N$_2$O削减量的核算

结构调整措施产生的温室气体N$_2$O削减量核算公式为

$$R_{水泥结-N_2O} = \sum_{i=1}^{n} P_{上年i} \times ef_{上年i-N_2O} \times 10$$

式中，$R_{水泥结-N_2O}$——核算期内关闭水泥窑生产线产生的温室气体N$_2$O的减排量，t；

$P_{上年i}$——第i个关停的水泥窑上年水泥熟料的产量，万t；

ef$_{上年i-N_2O}$——第i个关停的水泥窑上年N$_2$O的排污系数，kg/t熟料。

③CO$_2$削减量的核算

水泥行业结构调整对CO$_2$排放量的影响包括两个方面：一是燃料使用产生的CO$_2$的削减，二是水泥原料产生的CO$_2$的削减，两类CO$_2$削减量都是一次性结算。

a. 燃料

燃料使用造成的 CO_2 减排总量的一次性结清核算公式为

$$R_{水泥结-燃料CO_2} = \sum_{i=1}^{n} M_{上年i} \times ef_{上年i\text{-}C} \times 44/12$$

式中，$R_{水泥结-燃料CO_2}$——核算期内关闭水泥窑生产线产生的温室气体CO_2的削减量，t；

　　　$M_{上年i}$——第 i 个关停的水泥窑上年环境统计中燃料的消耗量，t；

　　　$ef_{上年i\text{-}C}$——第 i 个关停的水泥窑上年化石燃料燃烧的碳的排放系数，t C/t 煤；

　　　n——核算期淘汰的水泥生产线条数，条。

b. 原料

$$R_{水泥结-原料CO_2} = \sum_{i=1}^{n} M_{上年i} \times ef_{上年i\text{-}CO_2}$$

式中，$R_{水泥结-原料CO_2}$——核算期内水泥窑生产线采用替代原料产生的温室气体CO_2
　　　　　　的削减量，t；

　　　$M_{上年i}$——第 i 个关停的水泥窑上年水泥熟料的制造量，t；

　　　$ef_{上年i\text{-}CO_2}$——第 i 个水泥窑单位熟料制造量的 CO_2 的排放系数，t CO_2/t 熟料；

　　　n——核算期淘汰的水泥生产线条数，条。

c. 电力的使用

使用由其他电力行业供给的电力时，将其他企业发电时排放的 CO_2 视为水泥行业 CO_2 的间接排放。

$$R_{水泥结-电力CO_2} = Q \times ef_C \times 44/12$$

式中，Q——水泥行业使用的总电量，kW·h；

　　　ef_C——单位电量的 C 排放系数，对火力发电行业 C 排放系数采用 0.287 kg C/
　　　　　　（kW·h）［相当于 1.0523 kg CO_2/（kW·h）］。

（3）水泥行业管理减排

通过加强管理产生的 NO_x 削减量，是指提高脱硝设施投运率、提高 NO_x 的去除效率等措施产生的 NO_x 削减量，核算思路与新建、改建治理工程 NO_x 的削减量相同。

5.3.2.3　其他行业

钢铁等其他重要行业治理工程、结构调整等措施产生的 NO_x、温室气体的削减量按照电力、水泥行业相应核算思路和方法进行核算。

5.3.3　VOCs 减排协同效应计算方法

本书中主要对印刷行业 VOCs 的减排进行核算，VOCs 减排量根据《工业企业污染治理设施污染物去除协同控制温室气体核算技术指南（试行）》进行核算，计算出不同技术条件下 VOCs 的排放量，分别去除基准情景下 VOCs 的排放量，得出不同技术条件下 VOCs 的减排量。

5.3.3.1　VOCs 排放量计算

根据数据的可得性，VOCs 的排放量可采用物料衡算法和实测法进行计算。

（1）采用物料衡算法计算 VOCs 的排放量（$E_{\text{VOCs,B}}$，kg）：

$$E_{\text{VOCs,B}} = \sum_{k=1}^{n} m_k \times q_k$$

式中，m_k —— 两种情景下第 k 种原辅材料的消耗量，kg；

q_k —— 第 k 种原辅材料含 VOCs 率，%；

n —— 核算时段内有效监测数据数量，个。

（2）采用实测法计算 VOCs 的排放量（$E_{\text{VOCs,2}}$，kg）：

$$E_{\text{VOCs,2}} = \frac{\dfrac{\sum_{i=1}^{n}(C_i \times L_i)}{n} \times S \times 10^{-6}}{P_T} \times P_B$$

式中，C_i、L_i —— 无水印刷条件下，第 i 次监测 VOCs 的小时排放质量浓度，mg/m³；烟气排放量，m³/h。

S —— 核算时段内运行小时数，h。

P_T、P_B —— 无水印刷测试期间和基准情景期间用纸量，令纸。

5.3.3.2 CO$_2$减排量

本书印刷行业利用电力消耗量计算 CO$_2$ 排放量。CO$_2$ 减排量根据《工业其他行业企业温室气体核算方法与报告指南（试行）》进行核算，即通过不同技术情景下 CO$_2$ 的排放量分别去除基准情景下 CO$_2$ 的排放量得到，单位均为 kg。CO$_2$ 排放量计算公式如下：

$$E_{\mathrm{CO_2,B}} = A_B \times F_{\mathrm{CO_2}} \times 10^3$$

式中，A_B —— 印刷张数为 P_B 时的用电量，MW·h；

$F_{\mathrm{CO_2}}$ —— 企业所在区域供电 CO$_2$ 平均排放因子，t/（MW·h）。

6

城市协同效应评估案例之———攀枝花市"十一五"期间基于二氧化硫和温室气体减排的协同效应评估

本章为"十一五"期间对四川省攀枝花市 SO_2 和温室气体减排的协同效应评估。

6.1 攀枝花市基本情况

攀枝花市是四川省辖市，位于中国西南川滇交界部、金沙江与雅砻江汇合处。东北面与四川省凉山彝族自治州的会理、德昌、盐源 3 县接壤，西南面与云南省的宁蒗、华坪、永仁 3 县交界。成昆铁路和 108 国道公路纵贯全境，北距成都 749 km，南接昆明 351 km，是四川省通往华南与东南亚沿边、沿海口岸的最近点，为"南方丝绸之路"上重要的交通枢纽和商贸物资集散地。城区处于金沙江干热河谷。

攀枝花市是一座以钢铁工业为主的工业化资源型城市，也是中国西部最大的钢铁基地，目前已形成钢铁、能源、钒钛、电冶化工四大支柱产业，2008 年，四大支柱产业工业总产值达 632.65 亿元，占全市规模以上工业总产值的 89%。其中，钒产业国内规模最大，拥有国际领先的钒产品生产技术，已成为世界上最重要的钒产品生产基地之一。攀枝花市资源丰富，尤以矿产和水能资源高度富集、匹配天成而著称于世。

但是，与其他大多数资源型重工业城市类似，攀枝花市过去走的是粗放型发展之路，受"先生产、后生活""先企业、后城市"的开发建设思路影响，环境基础设施建设先天不足，加之资源禀赋特点、粗放的开发方式以及产业结构单一，环境问题极其复杂，具有高能耗、高污染和高排放的特征。由于环保历史欠账较多、结构性污染严重、环境管理亟须改善等导致的环境问题，已成为阻碍城市发展的主要因素之一。

6.2 攀枝花市总量减排政策

2004 年四川省政府公布的《中共四川省委、四川省人民政府关于进一步加强环境保护工作的决定》提出，到 2010 年，四川省环境污染和生态破坏的趋势得到有效控制，污染物排放总量大幅削减，重点城市大气环境质量达到 II 级以上标准，SO_2 和酸雨控制区）SO_2 排放量控制在 50 万 t 以内，酸雨显著减轻。2010 年发布《关于开展环境污染责任保险工作的实施意见》，规定了省内污染重、风险大、定损易的行业和企业将分期分批开展环境污染责任保险工作。同时，企业是否参加环境污染责任保险，还将作为企业绿色信贷、环保评先创优等重要审查内容之一。

对环境污染问题，攀枝花市以落实"三个历史性转变"为契机，按照强化整治、突出重点、整体推进的思路，制定了"十一五"节能降耗工作目标和主要污染物总量控制目标。《"十一五"期间四川省主要污染物排放总量控制计划》规定到 2010 年年底，攀枝花市单位 GDP 能耗比 2005 年降低 22%，能耗指标年均下降 5%，主要工业产品单位能耗达到或接近全国"十一五"行业平均水平。化学需氧量和氨氮分别控制在 1.8 万 t、0.22 万 t 以内，在 2005 年基础上分别增加 11.1%、76.4%，5 年内分别增加 0.180 1 万 t、0.095 3 万 t；SO_2 排放总量控制在 8.1 万 t 以内，在 2005 年基础上降低 29.4%，5 年净削减 3.374 1 万 t。

为实现上述"十一五"总量减排目标，攀枝花市采取了一系列重要措施：

第一，制订减排实施方案和行动计划。制定了《攀枝花市主要污染物总量减排实施方案》，并据此制订了《攀枝花市 2008 年主要污染物总量减排行动计划》和《攀枝花市 2009 年主要污染物总量减排行动计划》，逐一落实减排项目，将减排项目和减排进程进一步细化分解，确保全市"十一五"期间主要污染物总量减排工作的整体推进。

第二，落实责任。2007 年，市政府与各县（区）、钒钛产业园区、攀钢花钢铁集团公司、攀枝花煤业集团有限公司等签订了《攀枝花市"十一五"主要污染物控制责任书》，将污染控制指标完成情况纳入政府目标考核内容。各区县对其主要污染物总量控制指标进行进一步分解，并落实到相关企业。

第三，狠抓落实，积极推进工程减排。一是紧抓责任落实，对纳入省、市级限期治理的减排项目，按照属地管理、分级负责的原则将责任分级落实到各区县。二是紧紧抓住攀钢烧结机脱硫和发电厂脱硫两个重点，加快 SO_2 治理进程，带动全市 SO_2 治理减排工作。

第四，加快调整优化产业结构。以优化产业结构为导向，加快落后产能淘汰步伐，通过采取"关、停、并、转"等措施，加大淘汰电力、钢铁、建材、铁合金等行业落后产能的步伐，提前关停了发电公司 4 台 5 万 kW 机组，并对不符合产业政策的鼎金焦化等 22 个项目予以淘汰。2005—2007 年，淘汰取缔了 90 余个不符合产业政策、不符合城市规划、污染比较严重的项目。

第五，强化监管。加大对污染减排项目现场核查力度，确保减排项目不落空，不定期地对减排项目进行现场核查，确保项目的真实性，并对项目存在的问题提出整改要求。重点抓好冶金、电力、水泥等重点减排项目的监管，定期开展现场监察工作，确保环保设施正常稳定运行。

第六，严格审批，实行总量控制制度。在新建建设项目审批过程中，建立以环境容量为基础的新建项目审批机制和总量控制制度。对无总量指标和总量来源的项目一律不准审批，严格控制建设项目污染物新增排放量。严格限制"两高一资"项目产能过剩和低水平重复建设，加大落后产能淘汰力度，推进产业结构调整和布局优化，充分发挥经济结构调整和转变发展方式的抓手作用，切实推动经济发展方式快速转变。

6.3 攀枝花市污染物减排措施对温室气体减排的协同效应评估

攀枝花市示范城市协同效应评价的具体对象为《攀枝花市主要污染物总量减排实施方案》中所确定的削减 SO_2 的 29 项总量减排措施，包括对四川华电攀枝花发电公司的 1 号、2 号、5 号、6 号机组进行关停，对攀枝花钢铁集团公司 3 号、4 号、5 号、6 号烧结机进行脱硫治理等。评价的时间范围为"十一五"期间。为力求结果准确，本项目的源数据和系数等都尽可能地采用实测数据。例如，对于不同煤的含碳量，在不同项目中均有所区别，而非采用单一默认值。

由于攀枝花市在《攀枝花市主要污染物总量减排实施方案》中提出的管理减排措施没有得到国家对 SO_2 减排量的认可，因此，本示范项目只限于部分行业对结构调整减排措施和工程治理项目减排措施所产生的 SO_2 减排效果进行评价。

6.3.1 电力行业减排的协同效应评估

攀枝花市"十一五"总量减排中电力减排包括四川华电攀枝花发电公司关闭 1 号 50 MW 发电机组等。本节以电力行业结构减排为例进行评价。

结构减排——四川华电攀枝花发电公司关闭 1 号发电机组（50 MW）

SO_2 减排量按下列公式计算：

$$R（SO_2）=M×S×1.6×10^4$$
$$=11.14×0.72\%×1.6×10^4$$
$$=1\ 283\ t$$

式中，$R（SO_2）$——关闭发电机组的 SO_2 减排量，t；

M——发电煤耗，11.14 万 t；

S—— 燃煤平均硫分，0.72%；

1.6 —— 煤炭硫分转化为 SO_2 的系数。

由于 SO_2 和 CO_2 都产生于煤炭等燃料燃烧，因此，CO_2 减排量可按下列公式计算：

$$E（CO_2）=M \times C \times（44/12 \times 0.8）\times 10^4$$

$$=11.14 \times 50\% \times（44/12 \times 0.8）\times 10^4$$

$$=163\ 387（t）$$

式中，$E（CO_2）$——关闭发电机组的 CO_2 减排量，t；

C——燃煤平均碳分，50%；

44/12——CO_2 和 C 的质量比；

0.8——煤炭中碳分转化为 CO_2 的比例系数，80%。

6.3.2　钢铁行业减排的协同效应评估

工程减排——盐边县天时利矿业有限公司烟气治理

SO_2 减排量按下列公式计算：

$$E（SO_2）=E_{治理前}-E_{治理后}$$

$$=100.6-40.1$$

$$=60（t/a）$$

式中，$E（SO_2）$——实施脱硫治理后预计 SO_2 减排量，t/a；

$E_{治理前}$——治理前 SO_2 排放量，t/a；

$E_{治理后}$——治理后 SO_2 排放量，t/a。

由于采用 $CaCO_3$ 吸收法，因此，CO_2 减排量可按下列公式计算：

$$E（CO_2）= E（SO_2）\times[-（44/64）]$$

$$=60 \times[-（44/64）]$$

$$=-41（t/a）$$

式中，$E（CO_2）$——预计 CO_2 减排量，t/a；

E（SO_2）——参考预计 SO_2 减排量，t/a；

44/64——CO_2 和 SO_2 的质量比。

6.3.3　焦化行业减排的协同效应评估

攀枝花市"十一五"总量减排中焦化行业减排包括攀枝花市鼎金焦化有限责任公司关闭 2 座 66-5B 型焦炉、攀枝花市圣达焦化有限责任公司推焦装煤废气治理——氨水喷淋等结构减排及工程减排措施。

6.3.3.1　结构减排——攀枝花市鼎金焦化有限责任公司关闭 2 座 66-5B 型焦炉

SO_2 减排量按下列公式计算：

$$R（SO_2）=M×S×1.6×10^4$$
$$=2.389×0.6\%×1.6×10^4$$
$$=229（t）$$

式中，R（SO_2）——关闭 2 座 66-5B 型焦炉的实际二氧化硫减排量，t；

M——焦化煤耗量，2.389 万 t；

S——煤平均硫分，0.6%；

1.6——64/32（SO_2 和 S 的质量比）乘以 0.8（燃烧率）。

由于 SO_2 和 CO_2 都产生于煤炭等燃料燃烧，因此，CO_2 减排量可按下列公式计算：

$$R（CO_2）=M×C×（44/12×0.8）×10^4$$
$$=2.389×80\%×（44/12×0.8）×10^4$$
$$=56\ 066（t）$$

式中，R（CO_2）——关闭焦炉的实际二氧化碳减排量，t；

C——燃煤平均碳分，80%；

44/12——CO_2 和 C 的质量比；

0.8——煤炭中碳分转化为 CO_2 的比例系数，80%。

6.3.3.2　结构减排——攀枝花市翰通焦化有限公司关闭 2.5 m 焦炉

SO_2 减排量按下列公式计算：

$$R（SO_2）=SO_2\text{-}EF\times P\times 10^{-3}$$

$$=1.52\times 56\,416.7/1\,000$$

$$=85.75（t/a）$$

式中，$R（SO_2）$——关闭焦炉的预计 SO_2 减排量，t/a；

　　　　$SO_2\text{-}EF$——焦炉的单位产品 SO_2 排放量，1.52 kg SO_2/t 机焦；

　　　　P——该公司的机焦产量，56 416.7 t 机焦。

若将 CO_2 减排量视为与关闭设备的 CO_2 年排放量相等，可按下列公式计算：

$$E（CO_2）=E（SO_2）/（0.6\%\times 1.6）\times C\times（44/12\times 0.8）$$

$$=859/0.009\,6\times 80\%\times（44/12\times 0.8）$$

$$=209\,978（t/a）$$

式中，$E（CO_2）$——关闭 2.5 m 焦炉的预计 CO_2 减排量，t/a；

　　　　$E（SO_2）$——关闭 2.5 m 焦炉的预计 SO_2 减排量，859 t/a；

　　　　0.6%——原料煤含硫量；

　　　　1.6——64/32（SO_2 和 S 的质量比）乘以 0.8（燃烧率）；

　　　　C——机焦平均碳分，80%；

　　　　44/12——CO_2 和 C 的质量比；

　　　　0.8——煤炭中碳分转化为 CO_2 的比例系数，80%。

6.3.3.3　攀枝花市圣达焦化有限责任公司推焦装煤废气治理——氨水喷淋

SO_2 减排量：

$$R（SO_2）=（V_{\text{上年}}-V_{\text{当年}}）\times T\times 10^{-3}$$

$$=（3.83-1.61）\times 8\,760\times 10^{-3}$$

$$=19（t）$$

式中，$R（SO_2）$——实施脱硫工程后 SO_2 的减排量，t；

　　　　$V_{\text{上年}}$——实施脱硫工程前的 SO_2 排放速率，t；

$V_{当年}$——实施脱硫工程后的 SO_2 排放速率，t；

T——焦炉的生产时间，8 760 h。

CO_2 减排量：

$$R（CO_2）= R（SO_2）×（39/2\ 496）$$

$$=19×（39/2\ 496）$$

$$=0.30$$

$$≈0（t）$$

式中，39/2 496——采用实施烟气脱硫工程的 CO_2 削减量和 SO_2 削减量的溶解度重量比。

6.4 攀枝花市总量减排措施对温室气体减排的协同效应评估结论

综合上述，"十一五"期间，攀枝花市实施总量减排措施，可以削减 SO_2 排放量 55 841 t，能够实现其"十一五"期间"SO_2 排放总量控制在 8.1 万 t 以内，净削减 3.37 万 t"的总量控制目标，同时能够减排 CO_2 2 103 964 t，协同效应系数为 37.7（表 6-1）。

表 6-1 "十一五"期间攀枝花市各行业结构减排与工程减排措施减排量（SO_2）及协同效应

行业	减排措施	SO_2 减排量/t	CO_2 减排量/t	协同效应系数（CO_2 减排量/SO_2 减排量）
电力	结构减排	9 836	1 519 697	154.5
	工程减排	9 180	0	0
电力小计		19 016	1 519 697	79.9
钢铁	结构减排	267	8 470	31.7
	工程减排	34 581	−2 074	−0.1
钢铁小计		34 848	6 396	0.2
焦化	结构减排	1 655	404 487	244.4
	工程减排	19	0	0
焦化小计		1 674	404 487	241.6

行业	减排措施	SO_2 减排量/t	CO_2 减排量/t	协同效应系数（CO_2 减排量/SO_2 减排量）
水泥	结构减排	303	173 384	572.2
	工程减排	0	0	0
水泥小计		303	173 384	572.2
总计	结构减排	12 061	2 106 038	174.6
	工程减排	43 780	−2 074	−0.1
合计		55 841	2 103 964	37.7

从各行业来看，首先水泥行业协同效应系数最大，为572.2，其次为焦化行业（241.6），再次是电力行业（79.9），最小的为钢铁行业（0.2）。

从各行业减排量来看，钢铁行业 SO_2 减排量最大，为 34 848 t，占 SO_2 减排总量的 62.4%，但其 CO_2 减排量最小，只占 CO_2 减排总量的 0.3%；电力行业 SO_2 减排量位居第二，为 19 016 t，占 SO_2 减排总量的 34.1%，CO_2 减排量最大，为 1 519 697 t，占 CO_2 减排总量的 72.2%；水泥行业 SO_2 减排量最小，为 303 t，只占 SO_2 减排总量的 0.5%，但其 CO_2 减排量较大，为 173 384 t，占 CO_2 减排总量的 8.2%。

攀枝花市"十一五"总量减排中结构减排措施包括四川华电攀枝花发电公司关闭 1 号 50 MW 发电机组等 17 项，涉及发电、钢铁、水泥、焦化 4 个行业；工程减排措施包括攀枝花钢铁集团公司发电厂 1 号、2 号、3 号烧结机脱硫治理等 12 项，涉及发电、钢铁、焦化 3 个行业。"十一五"期间，由于采取结构减排措施，攀枝花市能够减排 SO_2 12 061 t，这些措施同时能够减排 CO_2 2 106 038 t，协同效应系数为 174.6；由于采取工程减排措施，攀枝花市能够减排 SO_2 43 780 t，这些措施同时能够增加 CO_2 排放 2 074 t，协同效应系数为 0.05。结构减排分行业来看，水泥行业协同效应系数最大，为 572.2，其次为焦化行业，为 244.4，钢铁行业最小，为 31.7；工程减排措施的协同效应均不显著。结构减排中，电力行业 SO_2 减排量最大，为 9 836 t，钢铁行业减排量最小，为 267 t；电力行业 CO_2 减排量最大，为 1 519 697 t，钢铁行业 CO_2 减排量最小，为 8 470 t。工程减排中，钢铁行业 SO_2 减排量最大，为 34 581 t，但同时也增加 CO_2 排放 2 074 t；电力行业、焦化行业和水泥行业 CO_2 减排量都为 0（图 6-1、图 6-2）。

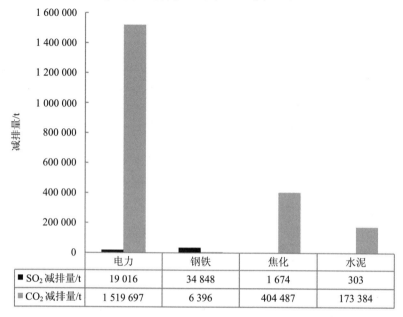

	电力	钢铁	焦化	水泥
■ SO_2 减排量/t	19 016	34 848	1 674	303
■ CO_2 减排量/t	1 519 697	6 396	404 487	173 384

图 6-1 "十一五"期间攀枝花市各行业总量减排措施减排量

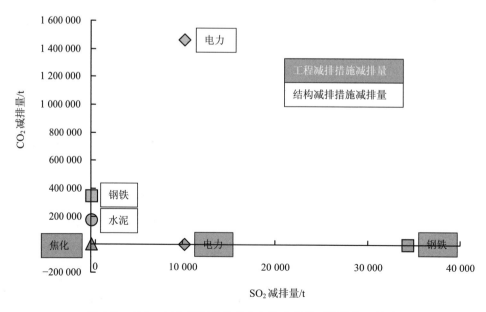

图 6-2 "十一五"期间攀枝花市各行业总量减排的协同效应

7

城市协同效应评估案例之二——湘潭市基于氮氧化物、二氧化硫及温室气体减排的协同效应评估

本章为湖南省湘潭市"十一五"期间对 SO_2 和温室气体减排的协同效应评估，以及"十二五"期间对 NO_x、SO_2 和温室气体减排的协同效应评估。

7.1 湘潭市基本情况

湘潭市地处湘中丘陵盆地中部，长江中游之南，南岭以北，湘江之滨，地势平缓，地貌以平原、岗地、丘陵为主，湘江及其支流涟水、涓水流经境内，属亚热带季风性湿润气候区，水热资源丰富，年均温 17℃，年均降水 1 300 mm。湘潭市下辖湘潭县、湘乡市、韶山市及雨湖区、岳塘区。全市总面积 5 006 km²，人口300 万，其中城区面积 168 km²，人口 96 万。湘潭市与长沙市、株洲市相互间距离约 40 km，呈"品"字状分布，构成湖南省交通、文化、科技、经济最发达的"金三角"，为中国甲类开放城市，是广大内陆地区发展外向型经济，通往广州、上海等沿海地区的重要通道之一，京广、湘黔铁路及 107、320 国道过境，湖南省最大的河流——湘江穿城而过，常年可行驶千吨级货轮。

湘潭市是湖南省经济较发达地区之一，2009 年湘潭市实现地区生产总值739.38 亿元，其中第一产业增加值 89.33 亿元，增长 5.0%；第二产业增加值 387.76亿元，增长 16.4%；第三产业增加值 262.28 亿元，增长 13.0%。按常住人口计算，

人均地区生产总值 26 608 元，增长 13.2%，人均国内生产总值居全省第 2 位。全市规模以上工业企业达 800 多家，规模以上工业企业中产值过 200 亿元的有 1 家，过 10 亿元的有 9 家，过 1 亿元的有 179 家。园区经济活跃，目前全市拥有国家级高新区 1 个，省级园区和"两型"建设示范区 5 个，市级园区 2 个，入园企业达 841 家，已投产企业 537 家，其中规模以上工业企业 252 家。2009 年，全市园区规模工业企业实现工业增加值 126.37 亿元，占全市规模工业增加值的比重达 37.8%。园区正成为湘潭工业的最大亮点和重要支撑。2014 年湘潭地区生产总值达 1 570.6 亿元，同比增长 10.7%，第一产业增加值 132.0 亿元，同比增长 4.5%；第二产业增加值 900.6 亿元，同比增长 10.6%；第三产业增加值 538.0 亿元，同比增长 12.2%。按常住人口计算，人均地区生产总值 55 968 元，同比增长 10.1%。人均国内生产总值依然居全省第 2 位。规模工业增加值 870.1 亿元，同比增长 11%，规模工业总产值达 2 937.8 亿元，同比增长 11.2%。工业增加值对经济增长的贡献率为 52.8%。高新技术产业总产值 1 576.6 亿元，同比增长 23.3%。

湘潭市是湖南乃至中国重要的工业基地，工业在湘潭市的经济中占有重要地位。国民生产总值、社会总产值和财政收入的 70% 来自工业，是全国重要的机电、电缆、锰、氟化盐、系列塔式起重机、精细化工等产品的生产基地。经过 40 多年的建设，湘潭市已形成了带动经济增长和结构升级的四大支柱产业——以湘电集团为龙头的先进装备制造及清洁能源装备制造产业、以华菱湘潭钢铁有限公司为龙头的精品钢材及深加工产业、以吉利汽车为龙头的小轿车及零部件产业、以全创科技为龙头的电子信息产业；还拥有电解二氧化锰、氟化盐、塔式起重机、电线电缆、交流电机、皮革、龙牌酱油等一大批在国内外具有一定地位和声誉的工业产品。

2007 年 12 月 14 日，经报请国务院同意，国家发展改革委批准长沙、株洲、湘潭（简称长株潭）城市群为全国资源节约型和环境友好型社会建设综合配套改革试验区。长株潭城市群的发展定位是全国"两型社会"（资源节约型、环境友好型社会）建设示范区，湖南省新型工业化、新型城市化的引导区，中部经济发展的核心增长极,具有国际品质的现代化生态型城市群。湘潭市"两型试验"实现良好起步,举办了"两型社会"建设高峰论坛和企业高级经理人环保论坛;策划"两型社会"建设重大项目170个,其中147个进入长株潭城市群重大项目库,总投资5 241亿元;完成战略产业发展和基地建设、投融资路径探索等20个重大课题研究;推行城乡建设用地增减挂钩、"城中村"改造、土地预征等改革试点;推进路桥收费体制改革;确立九华、昭山、天易三个示范片区先行改革的推进路径。"十二五"期间,"两型社会"建设成效卓著。打造韶山市成为全省第一个"两型"综合示范片区,保护与发展机制不断完善,成为长株潭"绿心"。实施湘江保护和治理的"一号重点工程"以及大气污染防治行动计划,累计关停、淘汰、退出涉重金属企业94家,万元GDP综合能耗由1.17 t标准煤下降到0.82 t标准煤,全面完成"十二五"主要污染物减排目标。

由于历史原因,受当时生产技术水平的限制,环保方面历史欠账太多,存在工业污染形势严峻、流域污染问题严重、区域性污染问题突出等环境问题。"十一五"期间工业污染主要集中在岳塘区、湘潭县易俗河、湘乡城区,形成了以湘钢为代表的冶炼废水污染区,以竹埠港化工区、湘潭县吴家巷为代表的化工废水污染区,以及以湘乡市城区制革行业为代表的制革废水污染区的区域性环境污染特点。废气污染物排放主要集中在火电、建材、化工和冶金等全市经济发展的优势行业,其排放量占全市废气污染物排放总量的88%。全市SO_2、烟尘、粉尘排放量位居全省前列,2005年,湘潭市的SO_2、烟尘、工业粉尘的排放量分别达到7.97万t、5.88万t和5.99万t;2010年SO_2、NO_x排放总量分别为5.07万t、4.87万t,属于中国的重酸雨区。湘江湘潭段部分污染因子经常超标;如镉、石油类、粪大肠菌群数、总氮。在枯水期间,镉因子出现严重超标现象,直接影响湘江两岸人民的饮水安全。

7.2 湘潭市污染减排政策

7.2.1 "十一五"期间湘潭市污染减排政策

按照建设资源节约型和环境友好型社会的要求，为了切实改善湘潭市的空气和水环境质量，湘潭市确立了以节能减排、生态环境改善与新型工业化道路相结合的"两型社会"建设方针，制定了"十一五"万元 GDP 能耗降低 22%，主要污染物 COD、SO_2、Cd（镉）、As（砷）排放总量分别减少 17.5%、6%、23.7%、25.3% 的节能减排总目标。

紧紧围绕上述节能减排目标，以湘江流域和湘乡工业区地区的环境改善为核心，以长株潭城市群"两型社会"综合配套改革试验区的建设为契机，着力改造传统产业。"十一五"期间，对钢铁、化工、建材等行业与竹埠港工业园、湘乡等老工业区的节能减排工作，实施循环经济集成应用示范工程，通过攻克 10 项关键技术和共性技术，推广 10 项实用技术，开发 20 个节能减排科技新产品，实施6 项重大集成应用示范工程（简称湘潭市节能减排"1126 工程"），建设节能减排科技创新支撑平台，大幅提高资源能源利用率，显著削减污染物排放；同时，制订了《2008—2010 年污染物总量减排和"蓝天碧水"行动计划》，将污染减排、改善城区空气质量、综合治理湘江作为环保工作的三大任务。

在大气污染总量控制方面，总体目标是，到 2010 年，全市 SO_2 排放总量由2007 年的 8.41 万 t 下降到 7.49 万 t，后三年削减率为 12.84%；2008 年城区空气优良率提高到 75%，2009 年城区空气优良率达到 80% 以上，2010 年年末达到 85%的水平。将围绕 100 个重点减排项目的实施和核定展开，从工业企业污染源控制、服务业油烟和烟尘污染控制、畜禽养殖污染治理、城区扬尘污染治理到机动车尾气治理，全面实施污染减排措施和总量控制计划，通过产业结构调整、工程治理、监督管理三种方式，来实现"十一五"主要污染物总量减排和"蓝天碧水"的目标。为体现行动效果，所有重点减排项目都必须在 2009 年年底完成。项目实行责任制，各县（市、区）、各工业园区、市直各部门和市辖各大企业为责任单位，与市政府签订污染减排和"蓝天碧水"工程目标责任状，明确完成时间，并要求达到预期行动效果。强化污染减排工程项目落实，强化任务分解和责任考核。具体政策措施表现在以下两个方面：

第一，突出三大措施推进污染减排。

一是突出结构优化推进结构减排。"十一五"以来，全市共关闭小炼锌、小火电、小水泥、小造纸等企业 105 家，在产业提升与发展方面，致力于推动传统产业高端化、高新化，努力实现高新技术产业的规模化、集约化发展。二是突出项目建设推进污染减排。通过紧扣强化技术改造、加强污染治理、推行清洁生产、发展循环经济等内容，精心策划开发了一批重点项目。"十一五"期间，全市完成 SO_2 减排项目 62 个，COD 减排项目 71 个。三是突出监督管理推进污染减排。重点加大了对城市污水处理厂和湘钢焦化废水深度处理、电厂脱硫、湘钢烧结脱硫等重点减排工程的日常监管，在监测体系建设方面，建成了环境监控平台，成立了环境应急指挥中心，安装重点污染源企业自动在线监控设施 40 多台（套），覆盖了工业重点源的 85%，初步形成了覆盖全市的现代化环境监控网络。

第二，六大保障措施促行动计划完成。

一是建立健全减排和"蓝天碧水"工程监管体系。建立健全考核评价制度和问责追究制度，对各责任单位和责任人污染减排和"蓝天碧水"工程任务的完成情况进行考核；建立健全社会公开承诺和信息公开制度，将各重点企业排污信息在媒体公布，并由企业公开承诺污染减排和"蓝天碧水"行动计划；建立健全调度例会制度，定期召开环保调度例会，通报污染减排和"蓝天碧水"工程进展情况，研究解决行动计划落实中的问题；建立健全政策扶植和补偿制度，对重点减排项目，各级政府还要安排必要的引导资金，给予税收优惠，并积极向上申报，争取国家和省政府的专项资金支持。

二是明确职责，层层分解工作任务。各县（市、区）人民政府对辖区内的环境质量负责，要制订主要污染物排放总量控制实施计划，将主要污染物总量控制目标分解、落实到各排污单位。环保部门负责对减排工作实施统一监督管理；发展改革部门将减排计划纳入国民经济和社会发展规划，认真做好关停小火电工作；经济管理部门负责淘汰落后生产能力；统计部门负责提供经济发展及城市发展的基础数据和发展预测数据，发布污染减排统计信息；建设部门和公用事业部门分别负责城市污水处理厂的建设和运行管理；畜牧水产部门负责推进畜禽养殖污染防治；财政部门负责安排污染减排和"蓝天碧水"工程专项经费，加强对污染减排和"蓝天碧水"管理体系的投入和对重点项目的资金支持；监察部门会同环保部门完善环保问责追究制，对污染减排和"蓝天碧水"行动计划不落实的地方和部门追究责任；电力监管部门负责执行关停小火电机组计划，落实对污染企业的停电、限电措施；其他相关部门也要按照各自职能，积极配合推进减排工作。

三是严格排污许可监督管理。加大排污许可证核发工作力度，重点加强核发后的监督管理，建立统一、规范、完整的排污许可动态数据库；实行工商、环保联动的排污许可证年检制度；严格环境执法，各级环境保护行政主管部门要依法查处无证或不按证排污，对拒不履行污染治理责任、违反环保法律法规的企业公开曝光、依法查处，对责令关停企业逾期未关停到位的，由政府组织相关部门强制关停，对已关停企业要防止其死灰复燃，确保减排成果。

四是加大对污染减排和"蓝天碧水"工程项目的政策扶持力度。减排项目应享受的财政资金补助，各级政府要保证及时、足额到位，对重点减排项目，各级政府还要安排必要的引导资金，要在行政审批方面提供优质服务，保证项目用地等需求。

五是抓两个"十大工程"，促行动计划的完成。从 2008—2010 年主要污染物减排和"蓝天碧水"工程重点项目中，筛选出十项控制性工程确定为"十大工程"，由市政府挂牌督办，起到示范和抓大促小作用。同时确定湘潭发电有限公司、湘乡皮革工业园污水处理厂等十大重点监管企业名单，对已完成的重点污染治理工程进行重点监管，确保稳定达标排放。

六是加大减排和"蓝天碧水"工程宣传力度。重点抓好《节能减排全民行动实施方案》的落实，对在减排工作和"蓝天碧水"工程工作中做出突出贡献的企业、单位和成果予以表彰和奖励。提高全民环保意识，营造公众参与减排和推进"蓝天碧水"工程的氛围。

7.2.2 "十二五"期间湘潭市污染减排政策

按照建设资源节约型和环境友好型社会的总体要求，湘潭市确立了以节能减排、生态环境改善与新型工业化道路相结合的"两型社会"建设方针，制定了到2015 年全市污染物排放总量控制目标：全市 COD 和氨氮排放总量（含工业、生活、农业）分别控制在 62 300 t 以内、7 460 t 以内，比 2010 年的 69 416 t、8 582 t 分别减少 10.25%（其中工业和生活排放量减少 12.07%）、13.08%（其中工业和生活排放量减少 16.96%）；SO_2 和 NO_x 排放总量分别控制在 43 310 t 以内、42 400 t 以内，比 2010 年的 50 694 t、48 695 t 分别减少 14.57%、12.93%（其中机动车排放量减少 8.59%）；铅排放总量控制在 1.09 t 以内，比 2010 年的 1.21 t 减少 9.92%。

紧密围绕以上减排目标和工作重点，提出"十二五"期间对电力、钢铁、水泥等行业要实施的污染减排重点工程，组织实施工业企业脱硫脱硝工程，重点推进电力、钢铁、水泥等行业脱硫脱硝工程建设，实行电力、钢铁、水泥等行业主要污染物排放总量控制和全口径核查核算，燃煤机组全部安装脱硫脱硝设施，钢铁行业全面实施烧结烟气脱硫脱硝，新型干法水泥窑实施低氮燃烧技术，配套建设脱硝设施。

工业治理方面，2011 年完成湘潭钢铁有限公司炼铁口废水深度处理工程、湘潭钢铁有限公司新 360 m^2 烧结机脱硫工程、中材湘潭水泥有限公司脱硝工程、湘潭碱业有限公司锅炉烟气脱硫工程等项目；2012 年完成湘潭发电有限公司 1 号机组脱硝烟气 NO_x 治理工程、湘潭碱业有限公司氨氮废水深度处理工程、湖南韶峰南方水泥有限公司 2 500 t/d 干法水泥生产线低氮燃烧工程等项目；2013 年完成湘潭发电有限公司 4 号机组烟气 NO_x 治理工程、湘潭钢铁有限公司 180 m^2 烧结机烟气脱硫脱硝工程、湖南韶峰南方水泥有限公司5 000 t/d干法水泥生产线脱硝工程等项目；2014年完成湘潭发电有限公司2号、3号机组烟气NO_x治理工程，湘潭钢铁有限公司球团竖炉脱硫工程等项目。产业结构调整方面，按期完成国家下达的淘汰落后产能任务，淘汰湘潭钢铁有限公司小烧结机、湘潭县水泥有限公司、金宏泰肥业有限公司碳铵生产线等28个小水泥、小炼焦、小砖瓦、小化工企业或生产线。同时严格执行行业准入制度，确保全市不再增加铅排放量。监督管理减排方面，加强环境统计、环境监测和环境考核体系建设。

湘潭市实施六大措施促进"十二五"减排目标的实现：

一是强化节能减排目标责任考核。分解落实节能减排指标，综合考虑各县（市、区）经济发展水平、产业结构、节能减排潜力、环境容量及产业布局等因素，将全市节能减排目标任务合理分解到各县（市、区）、相关部门、主要行业和重点企业，明确责任；健全节能减排统计、监测及计量监督管理体系，修订完善减排统计、监测和核查核算办法，加强对重点用能和排污单位的计量监督管理，基本建立用能和排污计量数据共享平台和全省重点单位节能减排在线监测平台；加强目标责任的评价考核，并将节能减排目标完成情况和政策措施落实情况纳入政府绩效、新型工业化、县域经济考核和国有企业业绩管理，实行问责制和"一票否决"制，对成绩突出的地区、单位和个人给予表彰奖励。

二是完善节能减排经济政策。推进价格和环保收费改革，继续对能源消耗超过国家和省规定的单位产品能耗（电耗）限额标准的企业和产品实行惩罚性电价，对高耗能行业实行差别电价，严格落实燃煤电厂烟气脱硫脱硝电价政策；完善财税激励政策，市、县（市、区）两级财政要在每年的财政预算中安排节能减排专项资金，逐步加大投入力度，引导支持重点工程实施，国有资本经营预算要支持企业实施节能减排项目；强化金融支持力度，加大各类金融机构对节能减排项目的信贷支持力度，开展排污权抵押贷款试点工作，引导各类社会资金对节能减排的投入。

　　三是推广节能减排市场化机制。加强电力需求管理，将有序用电与节能降耗、促进发展方式转变相结合，优先保障战略性新兴产业、服务业和能耗低、污染少的优势产业合理用电需求，重点限制高能耗、高排放和产能过剩企业用电；推进排污权和碳排放权交易试点，借助湖南省在长株潭城市群开展主要污染物排污权有偿使用和交易试点的契机，建立健全排污权交易市场，推进全市主要污染物排污权有偿使用和交易，开展碳排放交易试点，建立自愿减排机制，推进碳排放权交易市场建设；推行污染治理设施建设运行特许经营，依法实行环保设施运营资质许可制度，推进环保设施的专业化、社会化运营服务。

　　四是加强节能减排基础工作和能力建设。加快节能环保标准体系建设，按照"两型社会"建设要求，研究制定和完善重点行业单位产品能耗限额、产品能效和污染物排放等强制性地方标准，建立满足氨氮、NO_x 控制目标要求的排放标准；强化节能减排监督管理能力建设，加强政府节能管理能力建设，抓紧建立节能执法机构，建立健全节能管理、监察、服务"三位一体"的节能管理体系和市、县（市、区）两级节能监察体系；加强节能监察中心、节能技术服务中心及环境监察机构的标准化建设，加强人员培训和队伍建设。

　　五是强化节能减排监督管理。严格落实节能评估审查和环境影响评价制度，把能源消费、污染物排放指标作为能评、环评审批的前置条件，严格执行新开工固定资产投资项目节能评估审查和环境影响评价制度；强化重点用能单位节能管理，建立健全企业能源管理体系，实行重点耗能企业能源审计和能源利用状况报告和公告制度，组织开展重点企业节能低碳行动；加强重点污染源和治理设施运行监督，严格排污许可证管理，列入国家重点环境监控的电力、钢铁、水泥等重点行业的企业要安装、运行管理监控平台和污染物排放自动监控系统；加强节能减排组织管理和执法监督，相关职能部门要组织开展节能减排专项检查，督促落实各项措施，严肃查处违法违规行为。

　　六是动员全社会参与节能减排。加强节能减排宣传教育，组织好"全国节能宣传周""世界环境日"等主题宣传活动，加强日常性节能减排宣传教育，新闻媒体要积极宣传节能减排的重要性，大力宣传和弘扬先进典型，揭露和曝光反面典型；政府机关要带头节能减排，将节能减排作为机关工作的一项重要任务来抓，践行节约行动，做节能减排的表率；深入开展节能减排全民行动，广泛动员全社会参与节能减排，倡导文明、节约、绿色、低碳的生产方式、消费模式和生活习惯。

7.3 湘潭市协同效应评价

7.3.1 湘潭市"十一五"期间基于 SO_2 与温室气体减排的协同效应评价

湘潭市案例具体评价对象为《湘潭市环境保护"十一五"规划》以及《2008—2010 年污染物总量减排和"蓝天碧水"行动计划》中所确定的 18 项削减 SO_2 总量减排措施，包括湘潭电厂关闭 7 号、8 号、9 号发电小机组（25 MW 和 50 MW），韶峰水泥厂关停 4 条湿法转窑生产线，湖南有色氟化学有限公司淘汰 3 台共 60 t 燃煤锅炉等结构调整减排措施；湘潭电厂 4 台大型机组烟气脱硫工程、湖南华菱湘钢的 360 m^2 烧结脱硫和余热余压发电工程、城区宾馆及医院的煤改气工程等工程治理减排措施。总量控制措施中管理减排的削减量尚未进行核算和认定，因此，本案例评价对象限于结构调整减排措施和工程治理项目减排措施取得的减排量，评价的时间范围为"十一五"期间的减排量。本项目计算减排量所需源数据和系数采用环境统计数据库和实测的数据，在核算 CO_2 减排量时，为力求核算结果的准确可靠，对于不同煤的含碳量，本研究按行业分类取样检测。

根据本项目所开发的协同效应评价方法，湘潭市"十一五"总量减排措施的协同效应评价为：

7.3.1.1 电力行业减排的协同效应评估

（1）结构减排——湘潭电厂关闭 7 号、8 号、9 号发电小机组

SO_2 减排量计算公式如下：

$$R（SO_2）=M×S×1.6$$
$$=74\ 375×0.8\%×1.6$$
$$=952（t）$$

式中，$R（SO_2）$——关闭发电机组的 SO_2 减排量，t；

　　　M——发电煤耗，74 375 t；

　　　S——发电用煤平均硫分，0.8%[①]；

　　　1.6——根据中国环境保护部发布的《第一次全国污染源普查工业污染源产排污系数手册》中煤炭硫分转化为 SO_2 的系数。

同样，由于 SO_2 和 CO_2 都产生于煤炭燃烧，因此，CO_2 减排量可按下列公式计算：

$$R（CO_2）=M×C×（44/12×0.8）$$
$$=74\ 375×63.74\%×（44/12×0.8）$$
$$=139\ 059（t）$$

式中，$R（CO_2）$——关闭发电机组的 CO_2 减排量，t；

　　　C——发电用煤含碳量实测值，63.74%；

　　　44/12——CO_2 和 C 的质量比；

　　　0.8——煤炭中碳分转化为 CO_2 的比例系数，80%。

（2）工程减排——湘潭电厂 4 台机组烟气脱硫

$$R（SO_2）=M×S×\eta×1.6$$
$$=234.9×1.04\%×90\%×1.6×10^4$$
$$=35\ 179（t）$$

式中，$R（SO_2）$——电厂机组烟气脱硫的 SO_2 减排量，t；

　　　M——核算期发电煤耗，234.9 万 t；

　　　S——燃煤平均硫分，1.04%；

　　　η——机组核算期综合脱硫效率，90%；

---

① 企业实测数据。

1.6——煤炭硫分转化为 SO_2 的系数。

对于治理工程新增 SO_2 削减量,是指老污染源采取的具有连续长期稳定减排 SO_2 效果的烟气治理工程。由于对已经产生的烟气进行治理,不会使燃料使用量减少,所以对于主要因为燃料使用量减少而产生的 CO_2 减排影响不大;但是,治理措施本身对 CO_2 的产生量可能有影响。例如,湘潭电厂采用 $CaCO_3$ 作为脱硫添加剂的脱硫项目,根据下面的脱硫反应公式, CO_2 排放量反而增加。

$$SO_2+CaCO_3+1/2O_2 \longrightarrow CaSO_4+CO_2$$

因 CO_2 和 SO_2 的质量之比是 44∶64,所以每实现 1 t SO_2 削减量, CO_2 排放量将为 0.687 5 t。

因此,湘潭电厂机组烟气脱硫治理对 CO_2 减排的协同效应按下列公式计算:

$$R(CO_2) = R(SO_2) \times 0.687\ 5$$
$$= 35\ 179 \times 0.687\ 5$$
$$= 24\ 186\ (t)$$

式中, $R(CO_2)$ ——电厂机组烟气脱硫对 CO_2 减排的协同效应量,t。

7.3.1.2 化工行业减排的协同效应评估

(1)结构减排——湖南有色氟化学有限公司淘汰 3 台共 60 t 燃煤锅炉

SO_2 减排量核算公式如下:

$$R(SO_2) = (G_{上年} - G_{当年}) \times S \times 1.6$$
$$= (41\ 422 - 8\ 000) \times 2.0\% \times 1.6$$
$$= 1\ 069\ (t)$$

式中, $R(SO_2)$ ——淘汰燃煤锅炉的 SO_2 减排量,t;

$G_{上年}$ ——淘汰燃煤锅炉上年燃料煤炭的消耗量,41 422 t;

$G_{当年}$ ——淘汰燃煤锅炉核算期当年燃料煤炭的消耗量,8 000 t;

S ——燃煤平均硫分,2.0%。

同样，由于 SO_2 和 CO_2 都产生于煤炭燃烧，因此，CO_2 减排量可按下列公式计算：

$$R（CO_2）=（G_{上年}-G_{当年}）\times C\times（44/12\times0.8）$$
$$=（41\,422-8\,000）\times82.11\%\times（44/12\times0.8）$$
$$=80\,499（t）$$

式中，$R（CO_2）$——淘汰燃煤锅炉的 CO_2 减排量，t；

　　　C——企业燃煤碳分实测值，82.11%。

（2）结构减排——湘乡桂兴肥业有限公司氮肥生产线关闭转产复合肥

SO_2 减排量按照国家环境保护总局《关于印发〈主要污染物总量减排核算细则（试行）〉的通知》（环发〔2007〕183 号）中"关停涉水企业同步拆毁燃煤设施新增削减量"的方法进行核算，以 2007 年核查组对减排量的认定为例加以说明：

$$R（SO_2）_{同关}=（q_{工锅}-q_{非电}）/q_{工锅}\times E_{上年}$$
$$=（0.032-0.017）/0.032\times800$$
$$=375（t）$$

式中，$R（SO_2）_{同关}$——同步关停涉水企业燃煤设施新增 SO_2 削减量，t；

　　　$q_{非电}$——上年关停企业所在地区的非电排放强度，0.017 t SO_2/t 煤；

　　　$q_{工锅}$——同步关停涉水企业燃煤设施的 SO_2 排放系数，0.032 t SO_2/t 煤，燃煤平均硫分为 2.0%；

　　　$E_{上年}$——上年同步关停涉水企业环境统计数据库中 SO_2 排放量，800 t。

同样，关停企业燃煤设施，亦可削减 CO_2 的排放，其减排量可按下列公式计算：

$$R（CO_2）_{同关}=G_{上年}\times q_{工锅}$$
$$=22\,950\times1.68$$
$$=38\,556（t）$$

式中，$R（CO_2）_{同关}$——同步关停涉水企业燃煤设施的 CO_2 减排量，t；

　　　$G_{上年}$——上年同步关停涉水企业燃煤设施的煤炭消耗量，2.295 万 t；

　　　$q_{工锅}$——同步关停涉水企业燃煤设施的 CO_2 排放系数，1.68 t CO_2/t 煤，计算排放系数所用含碳量按湘潭市化工行业燃煤设施用煤的平均碳分 57.22% 取值。

7.3.1.3 钢铁行业减排的协同效应评估

（1）工程减排——湖南华菱湘潭钢铁有限公司 360 m² 烧结机烟气脱硫

SO_2 减排量核算公式如下：

$$R（SO_2）=M×S×\eta×1.4$$
$$=267×0.10\%×70\%×1.4×10^4$$
$$=2\ 616（t）$$

式中，$R（SO_2）$——烧结机烟气脱硫的 SO_2 减排量，t；

　　M——核算期烧结入炉料消耗量，267 万 t；

　　S——烧结入炉料平均硫分，0.10%；

　　η——机组核算期综合脱硫效率，70%；

　　1.4——烧结机入炉料硫分转化为 SO_2 的系数。

同样，采用 $CaCO_3$ 作为脱硫添加剂的脱硫治理对 CO_2 减排的协同效应按下列公式计算：

$$R（CO_2）=R（SO_2）×0.687\ 5$$
$$=2\ 616×0.687\ 5$$
$$=1\ 799（t）$$

式中，$R（CO_2）$——烧结机烟气脱硫对 CO_2 减排的协同效应量，t。

（2）湖南华菱湘潭钢铁有限公司余热余压发电

余热余压发电产生替代燃煤火力发电的效果，实现 SO_2 和 CO_2 的协同减排，减排量可按下列公式计算：

$$R（SO_2）=G×EF（SO_2）$$
$$=71\ 718.3×106.4×10^{-3}$$
$$=7\ 630（t）$$

式中，$R（SO_2）$——余热余压发电替代燃煤火力发电的 SO_2 减排量，t；

G——余热余压年总发电量，71 718.3 万 kW·h；

EF（SO_2）——燃煤火力发电的 SO_2 排放系数，106.4 kg/万 kW·h（参照《主要污染物总量减排核算细则（试行）》中附表五）。

$$R（CO_2）=G×EF（CO_2）$$

$$=71\ 718.3×10^4×0.973\ 5/1\ 000$$

$$=698\ 178（t）$$

式中，$R（CO_2）$——余热余压发电工程的 CO_2 减排量，t；

EF（CO_2）——燃煤火力发电的 CO_2 排放系数，0.973 5 kg/kW·h（电网公认值）[①]。

7.3.1.4 水泥行业减排的协同效应评估

结构减排——韶峰水泥有限公司关停 4 条湿法转窑生产线

SO_2 减排量计算公式如下：

$$R（SO_2）=SO_2\text{-}EF×P×10^{-3}$$

$$=2.638×1\ 516\ 300/1\ 000$$

$$=4\ 000（t）$$

式中，$R（SO_2）$——关停湿法水泥窑的 SO_2 减排量，t；

SO_2-EF——湿法窑的单位产品 SO_2 排放量，2.638 kg SO_2/t 熟料；

P——关停 4 条湿法转窑生产线的熟料产量，1 516 300 t 熟料/a。

同样，从水泥厂排放出的 CO_2 可视为来自煤等化石燃料的消耗，因为本案例计算的污染物减排量是湿法改干法生产线削减燃煤所产生的减排量，所以不用考虑燃烧过程原料分解排放产生的 CO_2。CO_2 减排量可按下列公式计算：

$$R（CO_2）=CO_2\text{-}EF×P×10^{-3}$$

$$=478.2×1\ 516\ 300/1\ 000$$

$$=725\ 095（t）$$

---

① 本案例所采用的排放因子是 2008 年华中地区电网基准线排放因子，即容量边际排放因子（BM）和电量边际排放因子（OM）的排放权重各取 0.5 计算所得，本案例中发电量 71 718.3 万 kW·h 是 2008 年湘潭钢铁有限公司余热余压利用的年发电量。减排量核算一般是核算一年的减排量。

式中，R（CO_2）——关停湿法水泥窑的 CO_2 减排量，t；

　　　　CO_2-EF——湿法窑的单位产品 CO_2 排放量，478.2 kg CO_2/t 熟料，用湿法窑的平均耗热量（5.9～6.7 GJ/t-clinker）和企业烟煤的平均含碳量（20.7 kg/GJ）得出［（5.9+6.7）/2×20.7×44/12=478.2（kg CO_2/t 熟料）］。

7.3.1.5　服务业减排的协同效应评估

工程减排——湘潭市 24 家禁燃区内宾馆煤改气

SO_2 减排量按照《主要污染物总量减排核算细则（试行）》中"非电煤改气工程新增削减量"的核算方法计算公式如下：

$$R（SO_2）=M×S×1.6$$
$$=10\ 000×0.63\%×1.6$$
$$=100（t）$$

式中，R（SO_2）——煤改气工程的 SO_2 减排量，t；

　　　　M——按照新增清洁燃料消耗量等热值原则核算替代原煤量，10 000 t；

　　　　S——企业煤炭平均硫分取值，0.63%；

　　　　1.6——煤炭硫分转化为 SO_2 的系数。

在忽略天然气泄漏的前提下，煤改气所产生的 CO_2 减排量应为燃煤和燃气的 CO_2 排放量差值，计算公式如下：

$$R（CO_2）=p_煤×M-p_气×A$$
$$=1.68×10\ 000-1.83×5.37×10^6/1\ 000$$
$$=6\ 973（t）$$

式中，R（CO_2）——煤改气工程的 CO_2 减排量，t；

　　　　M——按照新增清洁燃料消耗量等热值原则核算替代原煤量，10 000 t；

　　　　$p_煤$——宾馆燃煤的 CO_2 排放系数，1.68 t CO_2/t 煤，计算排放系数所用煤的含碳量 57.32% 为实测值；

　　　　A——新增清洁燃料消耗量，5.37×10⁶ m³ 天然气；

$p_{气}$——天然气燃烧的 CO_2 排放系数，$1.83\ kg\ CO_2/m^3$ 天然气，其中，天然气中平均含碳量为 $0.5\ kg/m^3$ 天然气[①]。

7.3.2 湘潭市"十二五"期间基于 SO_2 与温室气体减排的协同效应评价

湘潭市"十二五"期间 SO_2 污染减排涉及电力、钢铁、水泥、化工、建材以及其他加工业等，本章协同效应评估的对象是《湘潭市环境保护"十二五"规划》和《湘潭市"十二五"污染物总量减排工作方案》中所确定的针对 SO_2 的 18 项结构减排措施、9 项工程减排措施。由于湘潭市"十二五"期间没有实施相关的管理减排措施，因此本次评价计算未做考虑。

为了方便与"十一五"期间协同效应规模进行比较，本次核算的范围为 1 年。根据关闭落后产能时间的不同，针对各措施核算的时间范围不同，18 项结构减排措施和 9 项工程减排措施的具体信息和核算时选取的具体年份详见表 7-1。

表 7-1 湘潭市"十二五"期间 SO_2 减排措施及核算年份

序号	行业	对象	减排具体措施	关闭/投运时间（年份）	核算年份
结构减排					
1	钢铁行业	湖南华菱湘潭钢铁公司	关闭 90 m^2 和 105 m^2 烧结机、4 m^2 球团竖炉	2014.6	2011、2012 平均
2	水泥行业	湘潭市潭州水泥有限公司	关闭 Φ 2.9 m 机立窑	2011.1	2010
3		湖南省谭家山煤矿水泥厂	关闭 Φ 2.5 m 机立窑	2011.1	2010
4		湖南省湘乡市建材工业有限公司二水泥厂	关闭 Φ 2.8 m 6 万 t 机立窑	2011.1	2010
5		湘潭县水泥厂	关闭 Φ 2.5 m 8 万 t 机立窑	2011.1	2010

① 按下列公式估算所得：12×94%/22.4（94%——所用天然气中甲烷的平均含量，22.4——摩尔体积，L/mol）。

序号	行业	对象	减排具体措施	关闭/投运时间（年份）	核算年份
6	水泥行业	湘潭县水泥有限公司	关闭 Φ 2.5 m 8.8 万 t 机立窑	2011.1	2010
7		湘潭县楚丰水泥有限公司	关闭 Φ 2.5 m 4.4 万 t 机立窑	2011.1	2010
8		湘潭县仙峰水泥有限公司	关闭 Φ 2.5 m 机立窑	2011.1	2010
9		韶山市水泥有限公司	关闭 Φ 2.5 m 机立窑	2011.1	2010
10	化工行业	湖南金宏泰肥业有限公司	关闭 3 万 t 碳氨生产线	2013.12	2011、2012平均
11	建材行业	湘潭县玻璃灯饰有限公司	关闭 700 t 玻璃灯饰生产线	2012.12	—
12		湖南金凌新型建材有限公司	关闭 300 重量箱/m² 平板玻璃生产线	2011.1	2010
13		湘潭县河口镇福星机砖厂	关闭 1 000 万块规模砖瓦窑	2013.12	2011、2012平均
14		湘潭县中创机砖厂	关闭 1 000 万块规模砖瓦窑	2013.10	2011、2012平均
15		湘潭县史家坳机制空心机砖厂	关闭 1 000 万块规模砖瓦窑	2013.10	2011、2012平均
16		湘潭县杨嘉桥镇永强机砖厂	关闭 1 000 万块规模砖瓦窑	2014.12	2011、2012平均
17		湘潭县梅林桥镇宏塘页岩砖厂	关闭 1 000 万块规模砖瓦窑	2013.12	2011、2012平均
18	其他制造行业	湘乡市鸿发金属加工有限公司	关闭 10 000 t 熔炼、烧结炉（燃料为焦炭）	2011.1	2010
工程减排					
1	电力行业	大唐湘潭发电有限公司	30 MW 机组烟气脱硫（CaCO₃）	2011	2011、2012平均
2			30 MW 机组烟气脱硫（CaCO₃）	2011	2011、2012平均
3			60 MW 机组烟气脱硫（CaCO₃）	2011	2011、2012平均
4			60 MW 机组烟气脱硫（CaCO₃）	2011	2011、2012平均

序号	行业	对象	减排具体措施	关闭/投运时间（年份）	核算年份
5	钢铁行业	湖南华菱湘潭钢铁有限公司	老 360 m² 烧结机烟气脱硫（CaCO₃）	2011	2011、2012 平均
6			新 360 m² 烧结机烟气脱硫（CaCO₃）	2011	2011、2012 平均
7			180 m² 烧结机烟气脱硫（CaCO₃）	2013	2011、2012 平均
8			10 m² 球团竖炉烟气脱硫（CaCO₃）	2014	2011、2012 平均
9	化工行业	湘潭碱业有限公司	2 个 35 t 锅炉脱硫（氨法）	2011	2011、2012 平均

注：湘潭县玻璃灯饰有限公司数据不全，故暂不进行核算；由于湖南华菱湘潭钢铁有限公司 180 m² 烧结机烟气脱硫和 10 m² 球团竖炉烟气脱硫的投运时间为 2013 年和 2014 年，因此本次核算数据采用 2011 年和 2012 年平均数据，计算其预计减排量。

7.3.2.1　电力行业减排的协同效应评估

工程减排——大唐湘潭发电有限公司 4 台机组烟气脱硫

大唐湘潭发电有限公司 4 台机组烟气脱硫投运时间为 2011 年，核算数据取 2011 年和 2012 年的平均值。其 SO_2 的减排量计算公式如下：

$$R（SO_2）=M×S×\eta×1.6$$
$$=388.38×1.29\%×90\%×1.6×10^4$$
$$=72\,145.47（t）$$

式中，$R（SO_2）$——电厂机组烟气脱硫的 SO_2 减排量，t；

　　　M——2011 年和 2012 年平均发电煤耗，388.38 万 t；

　　　S——燃煤平均硫分，1.29%；

　　　η——机组核算期综合脱硫效率，90%；

　　　1.6——煤炭硫分转化为 SO_2 的系数。

治理工程新增 SO_2 削减量，是指老污染源采取具有连续长期稳定减排 SO_2 效果的烟气治理工程所减少的 SO_2 排放量。由于对已经产生的烟气进行治理，不会使燃料使用量减少，所以对于主要因为燃料使用量减少而产生的 CO_2 减排影响不大；但是，治理措施本身对 CO_2 的产生量可能有影响。湘潭电厂采用 $CaCO_3$ 作为脱硫添加剂的脱硫项目，根据下面的脱硫反应公式，CO_2 排放量反而增加。

$$SO_2+CaCO_3+1/2O_2 \longrightarrow CaSO_4+CO_2$$

因 CO_2 和 SO_2 的分子量之比是 44：64，所以每实现 1 t SO_2 削减量，CO_2 排放量将为 0.687 5 t。因此，湘潭电厂机组烟气脱硫治理对 CO_2 减排的协同效应按下列公式计算：

$$R（CO_2）=R（SO_2）\times 0.687\ 5$$
$$=72\ 146.40\times 0.687\ 5$$
$$=49\ 600.01（t）$$

式中，$R（CO_2）$ ——电厂机组烟气脱硫对 CO_2 减排的协同效应量，t。

7.3.2.2　钢铁行业减排的协同效应评估

（1）结构减排——湖南华菱湘潭钢铁公司关闭 90 m² 和 105 m² 烧结机、4 m² 球团竖炉

湖南华菱湘潭钢铁公司关闭 90 m² 和 105 m² 烧结机、4 m² 球团竖炉，计划关闭时间为 2014 年 6 月，本次核算采用 2011 年和 2012 年平均数据。其 SO_2 减排量计算公式如下：

$$R（SO_2）=M\times S\times 1.6$$
$$=61\ 350\times 0.65\%\times 1.6$$
$$=638.04（t）$$

式中，$R（SO_2）$ ——关闭烧结机及球团竖炉的 SO_2 减排量，t；

　　　M ——2011 年和 2012 年的平均煤耗，61 350 t；

　　　S ——煤炭平均硫分，0.65%；

　　　1.6——根据中国环境保护部发布的《第一次全国污染源普查工业污染源产排污系数手册》中煤炭硫分转化为 SO_2 的系数。

同样，由于 SO_2 和 CO_2 都产生于煤炭燃烧，因此，CO_2 减排量可按下列公式计算：

$$R（CO_2）=M \times C \times （44/12 \times 0.8）$$

$$=61\,350 \times 62.80\% \times （44/12 \times 0.8）$$

$$=113\,014.90（t）$$

式中，$R（CO_2）$——关闭烧结机及球团竖炉的 CO_2 减排量，t；

　　　C——煤炭平均碳分，62.80%；

　　　44/12——CO_2 和 C 的质量比；

　　　0.8——煤炭中碳分转化为 CO_2 的比例系数，80%。

（2）工程减排——湖南华菱湘潭钢铁有限公司新、老 360 m^2 烧结机烟气脱硫

湖南华菱湘潭钢铁有限公司新、老 360 m^2 烧结机烟气脱硫的投运时间为 2011 年，核算数据取 2011 年和 2012 年的平均值。由于另外两项减排措施——180 m^2 烧结机烟气脱硫和 10 m^2 球团竖炉烟气脱硫，投运时间为 2013 年和 2014 年，本次核算数据采用 2011 年和 2012 年的平均数据，计算其预计减排量。

$$R（SO_2）=M \times S \times \eta \times 1.4$$

$$=29.515 \times 0.114\% \times 60\% \times 1.4 \times 10^4$$

$$=282.64（t）$$

式中，$R（SO_2）$——烧结机烟气脱硫的 SO_2 减排量，t；

　　　M——2011 年和 2012 年平均烧结入炉料消耗量，29.515 万 t；

　　　S——烧结入炉料平均硫分，0.114%；

　　　η——机组核算期综合脱硫效率，60%；

　　　1.4——烧结机入炉料硫分转化为 SO_2 的系数。

同样，采用 $CaCO_3$ 作为脱硫添加剂的脱硫治理对 CO_2 减排的协同效应按下列公式计算：

$$R（CO_2）=R（SO_2）\times 0.687\,5$$

$$=282.63 \times 0.687\,5$$

$$=194.31（t）$$

式中，$R（CO_2）$——烧结机烟气脱硫 CO_2 减排量，t。

7.3.2.3 水泥行业减排的协同效应评估

结构减排——湘潭市潭州水泥有限公司关停 $\Phi 2.9$ m 机立窑

湘潭市潭州水泥有限公司关停 $\Phi 2.9$ m 机立窑（生产规模小于 10 万 t），关闭时间为 2011 年 1 月，核算数据取 2010 年的数据。其 SO_2 减排量计算公式如下：

$$R（SO_2）=SO_2\text{-}EF \times P \times 10^{-3}$$
$$=0.386 \times 60\,932.26/1\,000$$
$$=23.52（t）$$

式中，$R（SO_2）$——关停机立窑的 SO_2 减排量，t；

SO_2-EF——关停机立窑的单位产品 SO_2 排放量，0.386 kg SO_2/t 熟料；

P——关停机立窑生产线的熟料产量，60 932.26 t 熟料/a[①]。

同样，从水泥厂排放出的 CO_2 可视为来自煤等化石燃料消耗，CO_2 减排量可按下列公式计算：

$$R（CO_2）=CO_2\text{-}EF \times P \times 10^{-3}$$
$$=478.2 \times 60\,932.26/1\,000$$
$$=29\,137.81（t）$$

式中，$R（CO_2）$——关停机立窑的 CO_2 减排量，t；

CO_2-EF——关停机立窑的单位产品 CO_2 排放量，478.2 kg CO_2/t 熟料[②]；

P——关停机立窑生产线的熟料产量，60 932.26 t 熟料/a[①]。

湘潭市其他 7 家水泥厂结构减排措施均利用上述方法进行核算，得到的核算结果见表 7-2。

---

① 企业无烟煤的热值取值为 5 687 kcal/kg，标准煤的热值为 7 000 kcal/kg，关停机立窑单位熟料平均热耗为 160 kg 标准煤/t 熟料，即 196.94 kg 无烟煤/t 熟料。

② 用关停机立窑的平均耗热量（5.9～6.7 GJ/t-clinker）和企业烟煤的平均含碳量（20.7 kg/GJ）得出（5.9+6.7）/ 2 ×20.7×44/12=478.2（kg CO_2/t 熟料）。

表 7-2 湘潭市"十二五"水泥行业结构减排措施核算结果

结构减排对象	2010 年燃煤量/万 t	SO_2 减排量/t	CO_2 减排量/t
湘潭市潭州水泥有限公司	1.2	23.52	29 137.81
湘潭县仙峰水泥有限公司	1.08	21.17	26 226.67
韶山市水泥有限公司	0.6	11.76	14 568.99
湖南省谭家山煤矿水泥厂	0.2	7.33	4 856.30
湖南省湘乡市建材工业有限公司二水泥厂	0.3	11.00	7 284.45
湘潭县水泥厂	0.3	11.00	7 284.45
湘潭县水泥有限公司	0.3	11.00	7 284.45
湘潭县楚丰水泥有限公司	0.25	9.17	6 070.38
合计		105.95	102 713.5

注：作者整理。

7.3.2.4 化工行业减排的协同效应评估

（1）结构减排——湖南金宏泰肥业有限公司关闭 3 万 t 碳氨生产线

湖南金宏泰肥业有限公司关闭 3 万 t 碳氨生产线的减排措施，计划关闭时间为 2013 年 12 月，本次核算采用 2011 年和 2012 年的平均数据。其 SO_2 减排量核算公式如下：

$$R（SO_2）=M \times S \times 1.6$$
$$=7\,000 \times 0.8\% \times 1.6$$
$$=89.6（t）$$

式中，$R（SO_2）$——关闭生产线的 SO_2 减排量，t；

M——2011 年和 2012 年平均煤耗，7 000 t；

S——企业燃煤平均硫分，0.8%。

由于 SO_2 和 CO_2 都产生于煤炭燃烧，因此，CO_2 减排量可按下列公式计算：

$$R（CO_2）=M \times C \times （44/12 \times 0.8）$$
$$=7\,000 \times 57.2\% \times （44/12 \times 0.8）$$
$$=11\,745.07（t）$$

式中，$R（CO_2）$——关闭生产线的 CO_2 减排量，t；

M——2011 年和 2012 年平均煤耗，7 000 t；

C——用煤含碳量实测值，57.2%；

44/12——CO_2 和 C 的质量比；

0.8——煤炭中碳分转化为 CO_2 的比例系数，80%。

（2）工程减排——湘潭碱业有限公司 2 个 35 t 锅炉脱硫

湘潭碱业有限公司 2 个 35 t 锅炉脱硫的投运时间为 2011 年，核算数据取 2011 年和 2012 年的平均值。其 SO_2 减排量核算公式如下：

$$R（SO_2）=M×S×\eta×1.4$$
$$=16.175×1\% ×50\%×1.4×10^4$$
$$=1\ 132（t）$$

式中，$R（SO_2）$——锅炉脱硫的 SO_2 减排量，t；

M——2011 年和 2012 年平均燃煤量，16.175 万 t；

S——烧结入炉料平均硫分，1%；

η——机组核算期综合脱硫效率，50%；

1.4——烧结机入炉料硫分转化为 SO_2 的系数。

采用氨水（NH_4OH）作为脱硫剂的工程，认为不仅溶解 SO_2 可预测 SO_2 的减排量，溶解 CO_2 也能预测 CO_2 的减排量。

SO_2 溶于 NH_4OH 生成硫酸铵 $[(NH_4)_2SO_4]$，化学方程式如下：

$$SO_2+1/2O_2+H_2O \longrightarrow H_2SO_4$$

$$H_2SO_4+2NH_4OH \longrightarrow (NH_4)_2SO_4+2H_2O$$

CO_2 溶于 NH_4OH 生成碳酸铵 $[(NH_4)_2CO_3]$，化学方程式如下：

$$CO_2+H_2O \longrightarrow H_2CO_3$$

$$H_2CO_3+2NH_4OH \longrightarrow (NH_4)_2CO_3+2H_2O$$

另外，SO_2 和 CO_2 的水（20℃）溶性体积比为 39∶0.88，将其换算成重量比为 64×39∶44×0.88=2 496∶39，所以采用氨水处理法每达成 1 t SO_2 减排量时，CO_2 减排量为 0.015 6 t。

湘潭碱业有限公司 2 个 35 t 锅炉脱硫的 CO_2 减排量 $R（CO_2）$ 用实施烟气脱硫工程所实现的 SO_2 减排量 $R（SO_2）$ 和 $CO_2：SO_2$ 溶解性重量比（39/2 496），按下列公式计算：

$$R（CO_2）=R（SO_2）×（39/2\ 496）$$
$$=1\ 132×（39/2\ 496）$$
$$=17.69（t）$$

7.3.2.5 建材行业减排的协同效应评估

结构减排——湖南金凌新型建材有限公司关闭 300 重量箱/m^2 平板玻璃生产线

湖南金凌新型建材有限公司关闭 300 重量箱/m^2 平板玻璃生产线的减排措施，关闭时间为 2011 年 1 月，本次核算数据采用 2010 年的数据。其污染物减排量核算公式如下：

$$R（SO_2）=M×S×1.6$$
$$=2\ 000×1.00\%×1.6$$
$$=32（t）$$

式中，$R（SO_2）$——关闭 300 重量箱/m^2 平板玻璃生产线的 SO_2 减排量，t；

　　　M——2010 年煤耗，2 000 t；

　　　S——企业燃煤平均硫分，1.00%。

由于 SO_2 和 CO_2 都产生于煤炭燃烧，因此，CO_2 减排量可按下列公式计算：

$$R（CO_2）=M×C×（44/12×0.8）$$
$$=2\ 000×57.0\%×（44/12×0.8）$$
$$=3\ 344（t）$$

式中，$R（CO_2）$——关闭 300 重量箱/m^2 平板玻璃生产线的 CO_2 减排量，t；

　　　M——2010 年煤耗，2 000 t；

　　　C——燃煤含碳量，57.0%（按电厂燃煤碳分取值）；

　　　44/12——CO_2 和 C 的质量比；

　　　0.8——煤炭中碳分转化为 CO^2 的比例系数，80%。

湘潭市其他建材公司结构减排措施均利用上述方法进行核算，得到核算结果见表7-3。

表7-3　湘潭市"十二五"建材行业结构减排措施核算结果

结构减排对象	核算期燃煤量/万 t	SO$_2$减排量/t	CO$_2$减排量/t
湘潭县玻璃灯饰有限公司	—	—	—
湖南金凌新型建材有限公司	0.2	32	3 344
湘潭县河口镇福星机砖厂	0.03	7.2	502
湘潭县中创机砖厂	0.03	7.2	502
湘潭县史家坳机制空心机砖厂	0	0	0
湘潭县杨嘉桥镇永强机砖厂	0.02	4.8	334
湘潭县梅林桥镇宏塘页岩砖厂	0	0	0
合计		51.2	4 682

注：作者整理。

7.3.2.6　其他行业减排的协同效应评估

结构减排——湘乡市鸿发金属加工有限公司关停1万 t 熔炼炉和烧结炉

湘乡市鸿发金属加工有限公司关停 1 万 t 熔炼炉和烧结炉的减排措施，关闭时间为 2011 年 1 月，核算数据采用 2010 年的数据。其 SO$_2$ 减排量核算公式如下：

$$R（SO_2）=M×S×1.6$$
$$=2\,820×2.0\%×1.6$$
$$=90.24（t）$$

式中，$R（SO_2）$——关停熔炼炉和烧结炉的 SO$_2$ 减排量，t；

　　　M——燃料煤炭消耗量，2 820 t；

　　　S——燃煤平均硫分，2.0%。

CO$_2$ 减排量依据下列计算公式：

$$R（CO_2）=M×C×（44/12×0.8）$$
$$=2\,820×83.6\%×（44/12×0.8）$$
$$=6\,915.39（t）$$

式中，$R（CO_2）$——关停熔炼炉和烧结炉的 CO$_2$ 减排量，t；

C——用煤含碳量，83.6%；

44/12——CO_2 和 C 的质量比；

0.8——煤炭中碳分转化为 CO_2 的比例系数，80%。

7.3.3 湘潭市"十二五"期间基于 NO_x 与温室气体减排的协同效应评价

湘潭市"十二五"期间 NO_x 污染减排涉及电力、钢铁、水泥、化工等，本章协同效应评估的对象是《湘潭市环境保护"十二五"规划》和《湘潭市"十二五"污染物总量减排工作方案》中所确定的、数据获得齐全的、针对 NO_x 的 7 项工程减排措施、11 项结构减排措施。由于湘潭市"十二五"期间没有实施相关的管理减排措施，因此，本研究未对其进行评价。

为了方便与"十二五"期间 SO_2 减排协同效应规模进行比较，本次核算的范围为 1 年。根据关闭落后产能时间的不同，针对各项措施核算的时间范围不同，11 项结构减排措施和 7 项工程减排措施的具体信息和核算时选取的具体年份见表7-4。

表 7-4 湘潭市"十二五"期间 NO_x 减排措施及核算年份

序号	行业	对象	减排具体措施	关闭/投运时间（年份）	核算年份
结构减排					
1	钢铁行业	湖南华菱湘潭钢铁公司	90 m² 和 105 m² 烧结机、4 m² 球团竖炉	2014.6	2011、2012 平均
2	水泥行业	湘潭市潭州水泥有限公司	机立窑 Φ 2.9 m	2011.1	2010
3		湖南省谭家山煤矿水泥厂	机立窑 Φ 2.5 m	2011.1	2010
4		湖南省湘乡市建材工业有限公司二水泥厂	机立窑 Φ 2.8 m 6 万 t	2011.1	2010
5		湘潭县水泥厂	机立窑 Φ 2.5 m 8 万 t	2011.1	2010
6		湘潭县水泥有限公司	机立窑 Φ 2.5 m 8.8 万 t	2011.1	2010
7		湘潭县楚丰水泥有限公司	机立窑 Φ 2.5 m 4.4 万 t	2011.1	2010

序号	行业	对象	减排具体措施	关闭/投运时间（年份）	核算年份
8	水泥行业	湘潭县仙峰水泥有限公司	机立窑 $\varPhi$ 2.5 m	2011.1	2010
9		韶山市水泥有限公司	机立窑 $\varPhi$ 2.5 m	2011.1	2010
10	化工行业	湖南金宏泰肥业有限公司	碳氨生产线 3 万 t	2013.12	2011、2012平均
11	其他制造行业	湘乡市鸿发金属加工有限公司	熔炼炉、烧结炉 1 万 t	2011.1	2010
工程减排					
1	电力行业	大唐湘潭发电有限公司	30 MW 机组烟气脱硝	2011	2012
2			30 MW 机组烟气脱硝	2011	2012
3			60 MW 机组烟气脱硝	2011	2012
4			60 MW 机组烟气脱硝	2011	2012
5	水泥行业	湖南韶峰南方水泥有限公司	2 500 t/d 生产线脱硝	2012	2012
6		湖南韶峰南方水泥有限公司	5 000 t/d 生产线脱硝	2013	2012
7		中材湘潭水泥有限公司	5 000 t/d 生产线脱硝	2011.8	2012

注：工程减排项目主要包括电厂机组烟气脱硝治理等。由于大部分工程减排措施尚未实施，本次工程减排协同效应核算值为预计值，燃煤量取 2012 年燃煤量。

7.3.3.1 电力行业减排的协同效应评估

工程减排——大唐湘潭发电有限责任公司 1 号、2 号、3 号、4 号发电机组脱硝治理工程

大唐湘潭发电有限责任公司 1 号、2 号、3 号、4 号发电机组脱硝治理工程 NO_x 的减排量（采用低氮燃烧技术），计算公式如下：

$$R(NO_x) = \sum_{i=1}^{n} M_i \times ef_i \times \eta_i \times 10$$

$$= 309 \times 7.5 \times 0.7 \times 10$$

$$= 16\ 222.5\ (t)$$

式中，R（NO_x）——电厂机组烟气脱硝的 NO_x 减排量，t；

$\quad\quad M_i$——核算期发电煤炭消耗量，万 t，1 号、2 号、3 号、4 号发电机组 2012
年煤炭消耗量分别为 29 万 t、73 万 t、104 万 t 和 103 万 t，共计 309
万 t；

$\quad\quad ef_i$——核算期发电机组产 NO_x 强度，7.5 kg/t 煤；

$\quad\quad \eta_i$——核算期发电机组实施治理工程后的去污效率，70%。

N_2O 减排量计算公式如下：

$$R\left(N_2O\right) = \sum_{i=1}^{n} M_i \times ef_{i\text{-}N_2O} \times \eta_i \times 10$$

$$= 309 \times 3.57 \times 10^{-2} \times 0.7 \times 10$$

$$= 77.22（t）$$

式中，R（N_2O）——电厂机组烟气脱硝的 N_2O 减排量，t；

$\quad\quad M_i$——核算期发电煤炭消耗量，万 t，本书取 309 万 t；

$\quad\quad ef_{i\text{-}N_2O}$——核算期发电机组产 N_2O 强度，3.57×10^{-2} kg/t 煤；

$\quad\quad \eta_i$——核算期发电机组实施治理工程后的去污效率，70%。

协同效应系数 $\varphi = R$（N_2O）/ R（NO_x）= 77.22 / 16 222.5=0.004 76

CO_2 减排量计算公式如下：

$$R\left(CO_2\right) = \sum_{i=1}^{n} M_i \times ef_{i\text{-}CO_2} = \sum_{i=1}^{n} W_i \times ef^*_{i\text{-}CO_2}$$

$$= （9.99 \times 10^6 \times 3.88 \times 10^{-3}）+（13.89 \times 10^6 \times 3.88 \times 10^{-3}）+$$

$$（21.68 \times 10^6 \times 3.88 \times 10^{-3}）+（17.83 \times 10^6 \times 3.88 \times 10^{-3}）$$

$$= 245\,953.20（t）$$

式中，R（CO_2）——核算期新建、改建治理工程 CO_2 削减量，t；

$\quad\quad M_i$——核算期第 i 台机组实施治理工程后的煤炭消耗量，t；

$\quad\quad ef_{i\text{-}CO_2}$——核算期第 i 台机组实施治理工程后（低氮燃烧技术）的 CO_2 减排
系数（以单位煤耗表征）；

W_i——核算期第 i 台机组实施治理工程后的发电量，MW·h；

$ef_{i\text{-}CO_2}^*$——核算期第 i 台机组实施治理工程后的 CO_2 减排系数（以单位发电量表征），3.88 kg/（MW·h）；

协同效应系数 $\varphi = R（CO_2）/ R（NO_x）$ = 245 953.2 / 16 222.5=15.16

7.3.3.2　钢铁行业减排的协同效应评估

结构减排——湖南华菱湘潭钢铁公司关闭 90 m² 和 105 m² 烧结机、4 m² 球团竖炉

湖南华菱湘潭钢铁公司关闭 90 m² 和 105 m² 烧结机、4 m² 球团竖炉，计划关闭时间为 2014 年 6 月，本次核算采用 2011 年和 2012 年的平均数据。其 NO_x 减排量计算公式如下：

$$R\left(NO_x\right)=\sum_{i=1}^{n}M_i\times ef_i\times 10$$

$$=6.135\times7.5\times10$$

$$=460（t）$$

式中，$R（NO_x）$——关闭烧结机和球团竖炉的 NO_x 减排量，t；

M_i——2011 年和 2012 年的平均煤耗，6.135 万 t；

ef_i——核算期烧结机和球团竖炉产 NO_x 强度，7.5 kg/t 煤。

N_2O 减排量计算公式如下：

$$R\left(N_2O\right)=\sum_{i=1}^{n}M_i\times ef_{i\text{-}N_2O}\times 10$$

$$=6.135\times3.57\times10^{-2}\times10$$

$$=2.19（t）$$

式中，$R（N_2O）$——关闭烧结机和球团竖炉的 N_2O 减排量，t；

M_i——2011 年和 2012 年的平均煤耗，6.135 万 t；

$ef_{i\text{-}N_2O}$——核算期烧结机和球团竖炉产 N_2O 强度，3.57×10⁻² kg/t 煤。

协同效应系数 $\varphi = R（N_2O）/ R（NO_x）$ = 2.19 /460=0.004 76

由于 SO_2 和 CO_2 都产生于煤炭燃烧，因此，CO_2 减排量可按下列公式计算：

$$R（CO_2）=M×C×（44/12×0.8）$$

$$=61\ 350×62.8\%×（44/12×0.8）$$

$$=113\ 014.88（t）$$

式中，$R（CO_2）$——关闭烧结机和球团竖炉的 CO_2 减排量，t；

M_i——2011 年和 2012 年的平均煤耗，61 350 t；

C——用煤含碳量实测值，62.8%；

44/12——CO_2 和 C 的质量比；

0.8——煤炭中碳分转化为 CO_2 的比例系数，80%。

协同效应系数 $\varphi=R（CO_2）/R（NO_x）$ = 113 014.88 /460= 245.68

7.3.3.3　水泥行业减排的协同效应评估

结构减排——湘潭市 8 家水泥厂关停部分机立窑

湘潭市 8 家水泥厂关停部分机立窑的减排措施，关闭时间为 2011 年 1 月，核算数据取 2010 年的数据。其 NO_x 减排量计算公式如下：

$$R_{NO_x} = \sum_{i=1}^{n} E_{上年i} = P_{上年i} × ef_{上年i}$$

$$=21.478\ 6×0.202$$

$$=43.387（t）$$

式中，$R（NO_x）$——核算期关停水泥窑后的 NO_x 减排量，t；

$P_{上年}$——水泥窑上年水泥熟料产量，即机立窑生产线的熟料产量，21.478 6 万t熟料/a[①]；

$ef_{上年i}$——水泥窑排污系数，0.202 kg/t熟料，引自《水泥制造行业产排污系数表》。

---

① 水泥窑上年燃煤总量为4.23万t，引自湘潭市环保局统计数据；企业无烟煤的热值取值为5 687 kcal/kg，标准煤的热值为7 000 kcal/kg（1 kcal=4.185 851 kJ），机立窑单位熟料平均热耗为160 kg标准煤/t熟料，即196.94 kg无烟煤/t熟料。

N_2O 减排量计算公式如下：

$$R(N_2O) = \sum_{i=1}^{n} P_{\text{上年}i} \times ef_{\text{上年}i\text{-}N_2O} \times 10$$

$$= 21.478\ 6 \times 0.879 \times 10^{-2} \times 10$$

$$= 1.888\ (t)$$

式中，$R(N_2O)$——关停水泥窑后 N_2O 减排量，t；

$P_{\text{上年}i}$——水泥窑上年水泥熟料产量，21.478 6 万 t；

$ef_{i\text{-}N_2O}$——水泥窑 N_2O 排放系数，0.879×10^{-2} kg/t 熟料，引自《水泥制造行业产排污系数表》。

协同效应系数 $\varphi = R(N_2O)/R(NO_x) = 1.888/43.387 = 0.043\ 5$

CO_2 减排量应用产品产量法公式计算如下：

$$R(CO_2) = CO_2\text{-}EF \times P \times 10^{-3}$$

$$= 478.2 \times 214\ 786/1\ 000$$

$$= 102\ 710.66\ (t)$$

式中，$R(CO_2)$——关停水泥窑后的 CO_2 减排量，t；

$CO_2\text{-}EF$——机立窑的单位产品 CO_2 排放量，478.2 kg CO_2/t 熟料；

P——水泥窑上年水泥熟料产量，21.478 6 万 t。

协同效应系数 $\varphi = R(CO_2)/R(NO_x) = 102\ 710.66/43.387 = 2\ 367$

工程减排——湖南韶峰南方水泥有限公司脱硝治理工程 NO_x

湖南韶峰南方水泥有限公司脱硝治理工程 NO_x 的减排量按照评价方法细则，计算公式如下：

$$R(NO_x) = \sum_{i=1}^{n} P_i \times ef_i \times \eta_i \times 10$$

$$= (P_1 \times ef_1 \times \eta_1 \times 10) + (P_2 \times ef_2 \times \eta_2 \times 10)$$

$$= (41 \times 0.243 \times 0.3 \times 10) + (149 \times 0.243 \times 0.6 \times 10)$$

$$= 29.889 + 217.242$$

$$= 247.131（t）$$

式中，$R（NO_x）$——核算期烟气脱硝 NO_x 减排量，t；

　　　P_i——核算期第 i 个水泥窑采取治理工程后水泥熟料产量，1 号和 2 号水泥窑水泥熟料产量分别为 41 万 t 和 149 万 t；

　　　ef_i——核算期第 i 个水泥窑 NO_x 排污系数，1 号和 2 号水泥窑 NO_x 排污系数均为 0.243 kg/t 熟料；

　　　η_i——核算期第 i 个水泥生产线 NO_x 去除率，1 号和 2 号水泥窑分别为 30% 和 60%；

　　　n——核算期采取 NO_x 治理工程的水泥窑条数，条。

N_2O 减排量计算公式如下：

$$R\left(N_2O\right) = \sum_{i=1}^{n} P_i \times ef_{i\text{-}N_2O} \times \eta_i \times 10$$

$$= （P_1 \times ef_{1\text{-}N_2O} \times \eta_1 \times 10）+（P_2 \times ef_{2\text{-}N_2O} \times \eta_2 \times 10）$$

$$= （41 \times 0.703 \times 10^{-2} \times 0.3 \times 10）+（149 \times 0.703 \times 10^{-2} \times 0.6 \times 10）$$

$$= 0.865 + 6.285$$

$$= 7.15（t）$$

式中，$R（N_2O）$——核算期脱硝工程 N_2O 减排量，t；

　　　$ef_{i\text{-}N_2O}$——核算期第 i 个水泥窑 N_2O 排放系数，0.703×10^{-2} kg/t 熟料[①]；

　　　其他系数同上。

协同效应系数 $\varphi = R（N_2O）/ R（NO_x）= 7.15 / 247.131 = 0.028\ 9$

由于工程治理措施对燃煤使用量的影响较小，故不考虑其产生的 CO_2 排放量的变化。

---

① 企业无烟煤的热值取值为 5 687 kcal/kg，标准煤的热值为 7 000 kcal/kg，机立窑单位熟料平均热耗为 160 kg 标准煤/t 熟料，N_2O 的排放系数取值为 3.57×10^{-2} kg/t 煤。因此，水泥窑 N_2O 排放系数 $ef_{i\text{-}N_2O} = 3.57 \times 10^{-2} \times 160 \times 10^{-3} \times 7\ 000 / 5\ 687 = 0.703 \times 10^{-2}$ kg/t 熟料。

7.3.3.4 化工行业减排的协同效应评估

结构减排——湖南金宏泰肥业有限公司关闭 3 万 t 碳氨生产线

湖南金宏泰肥业有限公司关闭 3 万 t 碳氨生产线的减排措施，计划关闭时间为 2013 年 12 月，本次核算采用 2011 年和 2012 年的平均数据。其 NO_x 减排量计算公式如下：

$$R\left(NO_x\right) = \sum_{i=1}^{n} M_i \times ef_i \times 10$$

$$= 0.7 \times 7.5 \times 10$$

$$= 52.5 \,(t)$$

式中，$R\left(NO_x\right)$——关闭生产线的 NO_x 减排量，t；

M_i——2011 年和 2012 年的平均煤耗，0.7 万 t；

ef_i——核算期锅炉产 NO_x 强度，7.5 kg/t 煤；

n——核算期内关闭的生产线数，1 条。

N_2O 减排量计算公式如下：

$$R\left(N_2O\right) = \sum_{i=1}^{n} M_i \times ef_{i\text{-}N_2O} \times 10$$

$$= 0.7 \times 3.57 \times 10^{-2} \times 10$$

$$= 0.249\,9 \,(t)$$

式中，$R\left(N_2O\right)$——关闭生产线的 N_2O 减排量，t；

M_i——2011 年和 2012 年的平均煤耗，0.7 万 t；

$ef_{i\text{-}N_2O}$——核算期锅炉产 NO_x 强度，3.57×10^{-2} kg/t 煤；

n——核算期内关闭的生产线数，1 条。

协同效应系数 $\varphi = R\left(N_2O\right) / R\left(NO_x\right) = 0.249\,9 / 52.5 = 0.004\,76$

由于 SO_2 和 CO_2 都产生于煤炭燃烧，因此，CO_2 减排量可按下列公式计算：

$$R\left(CO_2\right) = M \times C \times \left(44/12 \times 0.8\right)$$

$$= 7\,000 \times 57.2\% \times \left(44/12 \times 0.8\right)$$

$$= 11\,745.07 \,(t)$$

式中，R（CO_2）——关闭生产线的 CO_2 减排量，t；

　　　M——煤炭消耗量，t；

　　　C——用煤含碳量实测值，57.2%；

　　　44/12——CO_2 和 C 的质量比；

　　　0.8——煤炭中碳分转化为 CO_2 的比例系数，80%。

协同效应系数 $\varphi = R$（CO_2）$/R$（NO_x）$= 11\,745.07\,/52.5= 223.72$

7.3.3.5　其他行业减排的协同效应评估

结构减排——湘乡市鸿发金属加工有限公司关停 1 万 t 熔炼炉和烧结炉

湘乡市鸿发金属加工有限公司关停 1 万 t 熔炼炉和烧结炉的减排措施，关闭时间为 2011 年 1 月，核算数据采用 2010 年的数据。其 NO_x 减排量核算公式如下：

$$R\left(NO_x\right) = \sum_{i=1}^{n} M_i \times ef_i \times 10$$
$$= 0.282 \times 7.5 \times 10$$
$$= 21.15 \text{（t）}$$

式中，R（NO_x）——关闭熔炼炉和烧结炉的 NO_x 减排量，t；

　　　M_i——核算期煤炭消耗量，0.282 万 t；

　　　ef_i——核算期熔炼炉和烧结炉产 NO_x 强度，7.5 kg/t 煤；

　　　n——核算期内关闭的锅炉数，1 台。

N_2O 减排量计算公式如下：

$$R\left(N_2O\right) = \sum_{i=1}^{n} M_i \times ef_{i\text{-}N_2O} \times 10$$
$$= 0.282 \times 3.57 \times 10^{-2} \times 10$$
$$= 0.101 \text{（t）}$$

式中，R（N_2O）——关闭熔炼炉和烧结炉的 N_2O 减排量，t；

　　　M_i——核算期煤炭消耗量，0.282 万 t；

　　　$ef_{i\text{-}N_2O}$——核算期熔炼炉和烧结炉产 NO_x 强度，3.57×10^{-2} kg/t 煤；

　　　n——核算期内关闭的锅炉数，1 台。

协同效应系数 $\varphi = R(N_2O) / R(NO_x) = 0.101 / 21.15 = 0.004\ 76$

由于 SO_2 和 CO_2 都产生于煤炭燃烧，因此，CO_2 减排量可按下列公式计算：

$$R(CO_2) = M \times C \times (44/12 \times 0.8)$$

$$= 2\ 820 \times 83.6\% \times (44/12 \times 0.8)$$

$$= 6\ 915.39\ (t)$$

式中，$R(CO_2)$——关闭锅炉的 CO_2 减排量，t；

M——煤炭消耗量，t；

C——用煤含碳量，83.6%；

44/12——CO_2 和 C 的质量比；

0.8——煤炭中碳分转化为 CO_2 的比例系数，80%。

协同效应系数 $\varphi = R(CO_2) / R(NO_x) = 6\ 915.39 / 21.15 = 326.97$

7.4 湘潭市污染减排措施对温室气体减排的协同效应评估结论

7.4.1 "十一五"期间基于 SO_2 与温室气体减排的协同效应评价结论

汇总"十一五"期间湘潭市各行业 SO_2 结构减排与工程减排措施减排量及与温室气体减排的协同效应，见表 7-5。

表 7-5 "十一五"期间湘潭市各行业结构减排与工程减排措施减排量（SO_2）及协同效应

行业	减排措施	SO_2 减排量/t	CO_2 减排量/t	协同效应系数（CO_2 减排量/SO_2 减排量）
电力	结构减排	5 909	568 157	96.2
	工程减排	35 179	−24 186	−0.7
电力小结		41 088	543 971	13.2
钢铁	结构减排	0	0	—
	工程减排	10 246	696 379	68.0
钢铁小结		10 246	696 379	68.0

行业	减排措施	SO_2 减排量/t	CO_2 减排量/t	协同效应系数（CO_2 减排量/SO_2 减排量）
化工	结构减排	1 631	140 055	85.9
	工程减排	1 525	14 844	9.7
化工小结		3 156	154 899	49.1
水泥	结构减排	4 000	725 095	181.3
	工程减排	0	0	—
水泥小结		4 000	725 095	181.3
纺织	结构减排	222	10 121	45.6
	工程减排	0	0	—
纺织小结		222	10 121	45.6
造纸	结构减排	50	2 618	52.4
	工程减排	0	0	—
造纸小结		50	2 618	52.4
制革	结构减排	90	4 716	52.4
	工程减排	0	0	—
制革小结		90	4 716	52.4
服务	结构减排	0	0	—
	工程减排	165	13 991	84.8
服务小结		165	13 991	84.8
总计	结构减排	11 902	1 450 762	121.9
	工程减排	47 115	701 028	14.9
合计		59 017	2 151 790	36.5

注：作者依据"十一五"湘潭市总量减排核算结果，计算整理。

综上所述，可以初步得出以下结论：

一是"十一五"期间，湘潭市实施总量减排措施，可以削减 SO_2 59 017 t，能够实现其"十一五"期间"SO_2 排放总量控制在 7.49 万 t 以内，净削减 0.48 万 t，削减 6%"的总量控制目标。同时，能够减排 CO_2 2 151 790 t，协同效应系数为 36.5。

二是"十一五"期间，湘潭市行业间协同效应系数差异明显。水泥行业协同效应系数最大，为 181.3，其次是服务行业，为 84.8，排在第 3 位的是钢铁行业 68.0，最小的为电力行业 13.2。电力行业 SO_2 减排量最大，为 41 088 t，占 SO_2 减排总量的 69.6%，但其 CO_2 减排量较小，只占 CO_2 减排总量的 25.3%；钢铁行业

SO₂减排量位居第 2，为 10 246 t，占 SO₂减排总量的 17.4%，CO₂减排量也位居第 2，为 696 379 t，占 CO₂减排总量的 32.4%；水泥行业 SO₂减排量位居第 3，减排 4 000 t，占 SO₂减排总量的 6.8%，但其 CO₂减排量最大，为 725 095 t，占 CO₂减排总量的 33.7%；化工行业 SO₂减排量位居第 4，为 3 156 t，占 SO₂减排总量的 5.3%，其 CO₂减排量也位居第 4，为 154 899 t，占 CO₂减排总量的 7.2%。

三是湘潭市"十一五"期间，结构减排措施的协同效应系数在城市总体层面要高于工程减排措施。湘潭市"十一五"总量减排中结构减排措施主要包括关停发电小机组、淘汰化工燃煤锅炉及水泥行业落后湿法生产线等；工程减排措施主要包括电厂机组烟气脱硫治理、钢厂烧结脱硫治理、钢厂余热余压发电工程和煤改气工程等。"十一五"期间，由于采取结构减排措施，湘潭市能够减排 SO₂ 11 902 t，这些措施同时能够减排 CO₂ 1 450 762 t，协同效应系数为 121.9；由于采取工程减排措施，湘潭市能够减排 SO₂ 47 115 t，这些措施同时能够减排 CO₂ 701 028 t，协同效应系数为 14.9（图 7-1）。

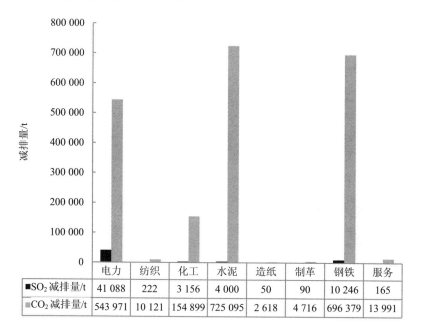

	电力	纺织	化工	水泥	造纸	制革	钢铁	服务
■SO₂减排量/t	41 088	222	3 156	4 000	50	90	10 246	165
CO₂减排量/t	543 971	10 121	154 899	725 095	2 618	4 716	696 379	13 991

图 7-1　"十一五"期间各行业总量减排措施减排量

四是湘潭市"十一五"期间，结构减排与工程减排的行业间协同效应系数差异均较大。结构减排分行业来看，水泥行业协同效应系数最大，为181.3，其次是电力行业，为96.2，化工行业为85.9，纺织行业最少，为45.6；工程减排分行业来看，服务行业协同效应系数最大，为84.8，其次是钢铁行业，为68.0，电力行业协同效应系数为负，也是最小的，为−0.7。结构减排中，电力行业 SO_2 减排量最多，为5 909 t，但水泥行业 CO_2 减排量最多，为725 095 t，除钢铁、服务行业未开展结构减排以外，造纸行业无论是 SO_2 还是 CO_2 减排量都最小，分别为 50 t和2 618 t；工程减排中，电力行业 SO_2 减排量最多，为35 179 t，但 CO_2 排放不但没有减少，反而增加了24 186 t；钢铁行业 CO_2 减排量最多，为696 379 t（图7-2）。

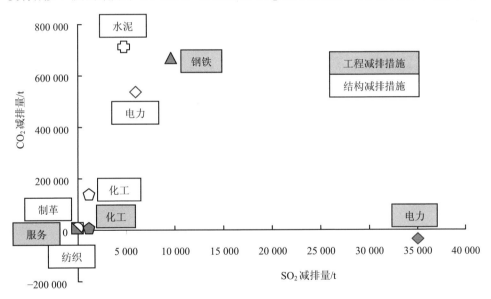

图7-2 "十一五"期间湘潭市各行业总量减排的协同效应

7.4.2 "十二五"期间基于 SO_2 与温室气体减排的协同效应评价结论

汇总"十二五"期间湘潭市各行业 SO_2 结构减排与工程减排措施减排量及与温室气体减排的协同效应，见表7-6。

表 7-6 "十二五"期间湘潭市各行业结构减排与工程减排措施减排量（SO₂）及协同效应

行业	减排措施	SO₂减排量/t	CO₂减排量/t	协同效应系数 （CO₂减排量/SO₂减排量）
电力	结构减排	0	0	0
	工程减排	72 146.40	−49 600.65	−0.69
电力小结		72 146.40	−49 600.65	−0.69
钢铁	结构减排	638.04	113 014.90	177.13
	工程减排	282.64	−194.31	−0.69
钢铁小结		920.68	112 820.59	122.54
化工	结构减排	89.60	11 745.07	131.08
	工程减排	1 294	20.22	0.016
化工小结		1 383.60	11 765.29	8.50
水泥	结构减排	105.95	102 713.50	969.45
	工程减排	0	0	0
水泥小结		105.95	102 713.50	969.45
建材	结构减排	51.20	4 682.00	91.45
	工程减排	0	0	0
建材小结		51.20	4 682.00	91.45
其他制造行业	结构减排	90.24	6 915.39	76.63
	工程减排	0	0	0
其他小结		90.24	6 915.39	76.63
总计	结构减排	975.03	239 070.86	245.19
	工程减排	73 723.04	−49 774.74	−0.68
合计		74 698.07	189 296.12	2.53

注：作者依据"十二五"湘潭市总量减排核算结果，计算整理。

综上所述，可以初步得出以下结论：

一是"十二五"期间，湘潭市实施总量减排措施，可以削减 SO₂ 74 698.07 t，同时，能够减排 CO₂189 296.12 t，协同效应系数为 2.53。

二是"十二五"期间，湘潭市 SO₂ 减排的行业间协同效应系数差异较大。水泥行业协同效应系数最大，为 969.45，其次是钢铁行业为 122.54，排在第 3 位的是建材行业为 91.45，最小的是电力行业为 0.69。电力行业 SO₂ 减排量最大，为 72 146.40 t，占 SO₂ 减排总量的 96.6%，但其总体增加了 CO₂ 排放量 49 600.65 t；

化工行业 SO_2 减排量位居第 2，为 1 383.60 t，占 SO_2 减排总量的 1.85%，但 CO_2 减排量仅有 20.22 t，占 CO_2 减排总量的 0.01%；钢铁行业 SO_2 减排量位居第 3，减排 920.68 t，占 SO_2 减排总量的 1.23%，但其 CO_2 减排量最大，为 112 820.59 t，占 CO_2 减排总量的 59.6%；水泥行业 SO_2 减排量位居第 4，为 105.29 t，仅占 SO_2 减排总量的 0.14%，其 CO_2 减排量位居第 2，为 102 713.50 t，占 CO_2 减排总量的 54.3%。

三是湘潭市"十二五"期间，SO_2 结构减排措施的协同效应系数在城市总体层面要高于工程减排措施。湘潭市"十二五"期间，结构减排项目主要包括关停烧结机、球团竖炉，淘汰化工燃煤锅炉及水泥行业机立窑、机砖厂等；工程减排项目主要包括电厂机组烟气脱硫治理、钢厂烧结脱硫治理等。"十二五"期间，由于采取结构减排措施，湘潭市能够减排 SO_2 975.03 t，这些措施同时能够减排 CO_2 239 070.86 t，协同效应系数为 245.2；由于采取工程减排措施，湘潭市能够减排 SO_2 73 723.04 t，这些措施同时能够增加 CO_2 排放 49 774.74 t，协同效应系数为 −0.68。

四是湘潭市"十二五"期间，SO_2 结构减排与工程减排的行业间协同效应系数差异均较大。结构减排分行业来看，水泥行业协同效应系数最大，为 969.45，其次是钢铁行业 177.13，化工行业为 131.08，建材行业为 91.45，电力行业未开展结构减排；工程减排分行业来看，仅有化工行业协同效应系数为正，且仅为 0.016，其他行业均为负或未开展工程减排。结构减排中，钢铁行业 SO_2 减排量最大，为 638 t，其 CO_2 减排量同样最大，为 113 014.95 t，电力行业未开展结构减排，减排量最小为建材行业，其 SO_2 减排量为 51.20 t，其 CO_2 减排量为 4 682.00 t；工程减排中，电力行业 SO_2 减排量最大，为 72 146.40 t，但 CO_2 排放不但没有减少，反而增加了 49 600.65 t，仅有化工行业 CO_2 减排量为正值，且仅有 20.22 t。

7.4.3 "十二五"期间基于 NO_x 与温室气体减排的协同效应

综合结构减排和工程减排的核算结果，湘潭市"十二五"期间 NO_x 减排协同效应评估结果见表 7-7。

表 7-7 "十二五"期间湘潭市各行业结构减排与工程减排措施减排量（NO$_x$）及协同效应

行业	减排措施	NO$_x$ 减排量/t	N$_2$O 减排量/t	CO$_2$ 减排量/t	协同效应系数（N$_2$O 减排量/NO$_x$ 减排量）	协同效应系数（CO$_2$ 减排量/NO$_x$ 减排量）	综合 CO$_2$ 减排量/t	总协同效应系数（综合 CO$_2$ 减排量/NO$_x$ 减排量）
电力	结构减排	0	0	0	0	0	0	0
	工程减排	16 222.50	77.22	24 595	0.004 8	1.52	48 533.2	2.99
电力小结		16 222.50	77.22	24 595	0.004 8	1.52	48 533.2	2.99
钢铁	结构减排	460	2.19	113 014.90	0.004 8	245.68	113 693.8	247.16
	工程减排	0	0	0	0	0	0	0
钢铁小结		460	2.19	113 014.90	0.004 8	245.68	113 693.8	247.16
化工	结构减排	52.50	0.249 9	11 745.07	0.004 76	223.72	11 822.54	225.19
	工程减排	0	0	0	0	0	0	0
化工小结		52.50	0.249 9	11 745.07	0.004 76	223.72	11 822.54	225.19
水泥	结构减排	43.39	1.89	102 710.66	0.043 5	2 367.15	103 296.56	2 380
	工程减排	247.13	7.15	—	0.028 9	—	2 216.5	—
水泥小结		290.52	9.04	102 710.66	0.031 1	2 367.15	105 513.06	363.19
其他制造行业	结构减排	21.15	0.10	6 915.39	0.004 7	326.97	6 977.39	329.90
	工程减排	0	0	0	0	0	0	0
其他小结		21.15	0.10	6 915.39	0.004 8	326.97	6 977.39	329.90
总计	结构减排	577.04	4.429 9	234 386.02	0.007 7	406.19	235 790.29	408.62
	工程减排	16 469.63	84.37	24 595	0.005 1	1.49	50 749.70	3.08

行业	减排措施	NO_x减排量/t	N_2O减排量/t	CO_2减排量/t	协同效应系数（N_2O减排量/NO_x减排量）	协同效应系数（CO_2减排量/NO_x减排量）	综合CO_2减排量/t	总协同效应系数（综合CO_2减排量/NO_x减排量）
合计		17 046.67	88.80	258 981.02	0.005 2	15.19	286 508.99	16.807

注：①考虑 N_2O 吸收红外线的能力强，造成全球变暖的潜能（Global Warming Potential，GWP）是 CO_2 的 310 倍，综合 CO_2 减排量即为综合考虑 N_2O 减排量后 CO_2 的减排量；同时，NO_x 减排带来的 N_2O 削减协同效应系数转化为等价 CO_2 协同效应系数，N_2O 等价 CO_2 协同效应系数与 CO_2 协同效应系数相加，即可得总协同效应系数（CO_2/NO_x）。

②作者依据"十二五"期间湘潭市总量减排核算结果，计算整理。

分析以上评价结果，可以初步得出如下结论：

一是湘潭市"十二五"期间 NO_x 总量减排措施对减缓全球温室气体排放总体上有显著的协同效应。实施湘潭电厂 4 台 300～600 MW 机组烟气脱硫等减排措施共可以削减 NO_x1.7 万 t。同时，能够减排 N_2O 88.8 t，减排 CO_2 25.9 万 t（共等价于 CO_2 28.6 万 t），总协同效应系数为 16.8。

二是"十二五"期间，湘潭市 NO_x 减排的行业间协同效应系数差异较大。"十二五"期间，水泥行业是 NO_x 协同效应系数最大的行业，为 363.19，其次为其他制造行业（330.90）、钢铁（247.16）、化工（225.19）、电力（2.99）。湘潭市实现"十二五"NO_x 总量减排目标贡献最大的是电力行业，占 NO_x 减排总量的 95%以上，其次为钢铁行业、水泥行业、化工行业等。但是，就温室气体（主要为 CO_2）减排的贡献率而言，钢铁行业和水泥行业贡献最大，共占 CO_2 减排总量的 83.3%，其次为电力行业和化工行业，分别占 9.5%、4.5%。

三是湘潭市"十二五"期间，NO_x 结构减排措施的协同效应系数在城市总体层面要高于工程减排措施。"十二五"期间，由于采取结构减排措施，湘潭市能够减排 NO_x 577.04 t，这些措施同时能够减排温室气体（CO_2 当量）235 790.29 t，协同效应系数达到 408.62；由于采取工程减排措施，湘潭市能够减排 NO_x16 469.63 t，这些措施同时能够减排温室气体（CO_2 当量）50 749.70 t，协同效应系数为 3.08。

四是湘潭市"十二五"期间，NO_x 结构减排与工程减排的行业间协同效应系数差异均较大。结构减排分行业来看,水泥行业协同效应系数最大,为 2 380,其次是其他行业为 329.90、钢铁行业为 247.16、化工行业为 225.19,电力行业未开展结构减排;工程减排分行业来看,仅有电力行业开展并做出统计,协同效应系数为 2.99,其他行业均未开展工程减排。结构减排中,钢铁行业 NO_x 减排量最多,为 460 t,其温室气体(CO_2 当量)减排量同样最多,为 113 694.90 t,电力行业未开展结构减排,减排量最小为其他行业,其 NO_x 减排量为 21.15 t,其温室气体(CO_2 当量)减排量为 6 977.39 t;工程减排中,电力行业 NO_x 减排量达到 16 222.50 t,实现温室气体减排(CO_2 当量)48 533.2 t,其次为水泥行业削减 NO_x 247.13 t,实现温室气体减排(CO_2 当量)2 216.5 t,其他行业未开展工程减排。

另外,由于湘潭市还有多家低产能、高污染的小水泥厂、小火电厂等正在进行整治,可以减排大量 NO_x,这些措施的实施会产生更大的协同效应,减排大量温室气体。

7.4.4 "十一五""十二五"期间基于 SO_2 与温室气体减排的协同效应评价结论对比

将湘潭市"十一五"和"十二五"期间总量减排措施的协同效应评价结果汇总,见表 7-8~表 7-10。

表 7-8 "十一五"和"十二五"期间湘潭市各行业结构减排措施减排量(SO_2)及协同效应

行业	"十一五"			"十二五"		
	SO_2 减排量/t	CO_2 减排量/t	协同效应系数(CO_2 减排量/ SO_2 减排量)	SO_2 减排量/t	CO_2 减排量/t	协同效应系数(CO_2 减排量/ SO_2 减排量)
钢铁	—	—	—	638.04	113 014.90	177.13
电力	5 909	568 157	96.20	—	—	—
化工	1 631	140 055	85.90	89.60	11 745.07	131.08
水泥	4 000	725 095	181.30	105.95	102 713.50	969.45
建材	—	—	—	51.20	4 682	91.45

行业	"十一五"			"十二五"		
	SO_2 减排量/t	CO_2 减排量/t	协同效应系数（CO_2 减排量/SO_2 减排量）	SO_2 减排量/t	CO_2 减排量/t	协同效应系数（CO_2 减排量/SO_2 减排量）
其他制造行业	362	17 455	48.2	90.24	6 915.39	76.63
总计	11 902	1 450 762	121.9	975.03	239 070.9	245.19

注：①"十一五"期间造纸、制革、纺织汇入其他制造行业。
②作者依据"十一五""十二五"期间湘潭市减排措施结果，计算整理。

表7-9 "十一五"和"十二五"期间湘潭市各行业工程减排措施减排量（SO_2）及协同效应

行业	"十一五"			"十二五"		
	SO_2 减排量/t	CO_2 减排量/t	协同效应系数（CO_2 减排量/SO_2 减排量）	SO_2 减排量/t	CO_2 减排量/t	协同效应系数（CO_2 减排量/SO_2 减排量）
电力	35 179	−24 186	−0.7	72 146.40	−49 600.65	−0.69
服务	165	13 991	84.8	—	—	—
钢铁	10 246	696 379	68.0	282.64	−194.31	−0.69
化工	1 525	14 844	9.7	1 294	20.22	0.02
总计	47 115	701 028	14.9	73 723.04	−49 774.74	−0.68

注：作者依据"十一五""十二五"期间湘潭市减排措施结果，计算整理。

表7-10 "十一五"与"十二五"期间湘潭市主要行业 SO_2 减排协同效应评价对比

行业	"十一五"					"十二五"				
	SO_2 减排		CO_2 减排		协同效应系数	SO_2 减排		CO_2 减排		协同效应系数
	减排量/t	占比/%	减排量/t	占比/%		减排量/t	占比/%	减排量/t	占比/%	
水泥	4 000.00	6.84	725 095.00	34.20	181.27	105.95	0.14	102 713.50	57.80	969.45
电力	41 088.00	70.25	543 971.00	25.65	13.24	72 146.40	96.77	−49 600.65	−27.91	−0.69
钢铁	10 246.00	17.52	696 379.00	32.84	67.97	920.68	1.23	112 820.60	63.49	122.54
化工	3 156.00	5.40	154 899.00	7.31	49.08	1 383.60	1.86	11 765.29	6.62	8.50
总计	58 490.00	100.00	2 120 344.00	100.00	36.25	74 556.63	100.00	177 698.74	100.00	2.38

注：作者依据"十一五""十二五"期间湘潭市总量减排核算结果分析，计算整理。

从以上对比中可以初步得出如下结论：

一是湘潭市"十二五"期间，相比"十一五"期间 SO_2 总量减排的协同效应有所减小。湘潭市"十二五"期间主要行业 SO_2 减排措施共可以削减 $SO_2$7.5 万 t，减排 $CO_2$17.8 万 t，协同效应系数为 2.38；而"十一五"期间主要行业 SO_2 减排措施共可以削减 $SO_2$5.8 万 t，减排 $CO_2$212 万 t，协同效应系数为 36.25。

二是湘潭市 SO_2 减排分行业协同效应系数大小排序一致。水泥行业是协同效应系数最大的行业，其次为钢铁行业、化工行业，最后为电力行业。

三是与"十一五"期间相比，湘潭市"十二五"期间 SO_2 工程减排的协同效应大大降低，而结构减排的协同效应大大增加。结构减排措施的协同效应从"十一五"期间的 121.9 上升到"十二五"期间的 245.19，而工程减排措施的协同效应从"十一五"期间的 14.9 下降到"十二五"期间的 0.68。

7.4.5 SO_2 减排与 NO_x 减排的协同效应比较

将"十二五"期间 SO_2 和 NO_x 减排协同效应评估结果进行对比，可得到表 7-11。

表 7-11 湘潭市"十二五"期间 SO_2 和 NO_x 减排重点行业核算

行业	SO_2			NO_x		
	SO_2 减排量/t	CO_2 减排量/t	协同效应系数	NO_x 减排量/t	CO_2^* 减排量/t	协同效应系数
水泥	105.95	102 713.50	969.45	290.52	105 513.06	363.19
电力	72 146.40	−49 600.65	−0.69	16 222.50	48 533.20	2.99
钢铁	920.68	112 820.60	122.54	460.00	113 693.80	247.16
化工	1 383.60	11 765.29	8.50	52.50	11 822.54	225.19
总计	74 556.63	177 698.70	2.38	17 025.52	279 562.60	16.42

注：CO_2^* 减排量是综合考虑 N_2O 减排量后的 CO_2 减排当量。

分析"十二五"期间湘潭市 SO_2 和 NO_x 的减排评价结果，可以初步得出如下结论：

一是相较于 SO_2 减排，湘潭市"十二五"期间 NO_x 总量减排措施对减缓全球温室气体排放的协同效应更加显著，前者协同效应系数为 2.38，而后者为 16.42。

二是湘潭市"十二五"期间主要行业 SO_2、NO_x 减排实现的温室气体减排协同效应系数排序相一致。水泥行业排在第 1 位，SO_2、NO_x 减排协同效应系数分别达到 969.45、363.19；其次为钢铁行业、化工行业、电力行业。

三是电力行业是湘潭市实现"十二五"污染物总量减排目标贡献最大的行业，SO_2 减排和 NO_x 减排贡献率均达到 95%以上，但其产生的温室气体减排协同效应均最不显著，SO_2 减排措施甚至导致 CO_2 增排。水泥和钢铁行业的污染物减排总量虽不及电力行业显著，但均能产生巨大的 CO_2 减排协同效应。

8

行业协同效应评估案例之一——水泥窑协同处置污泥及低氮燃烧技术应用

本章以水泥窑协同处置污泥改造及改造过程搭配水泥窑低氮燃烧技术应用为例，开展相应的污染物及温室气体减排量核算，进而对具体行业技术应用的协同效应进行定量化评估。

8.1 水泥窑协同处置污泥及低氮燃烧技术应用的环境协同效应原理

8.1.1 脱硝

湿污泥投入水泥窑时，在 1 000℃左右的高温[①]下瞬间挥发的氨成分可以与水泥生产过程中产生的 NO_x 发生化学反应，生成氮气和水，实现脱硝。

$$4NO+4NH_3+O_2 \longrightarrow 4N_2+6H_2O$$

$$2NO_2+4NH_3+O_2 \longrightarrow 3N_2+6H_2O$$

8.1.2 温室气体减排

水泥窑处置污泥可以减少填埋生成 CH_4 及燃料燃烧生产 CO_2、CH_4 全球温室效

---

① 水泥窑窑尾温度 1 000℃左右，温度高于 220℃时污泥氨便开始进入大量快速释放阶段。翁焕新，章金骏，刘璨，等. 污泥干化过程氨的释放与控制阶段[J]. 中国环境科学，2011，31（7）：1171-1177.

应系数为CO_2的25倍。污泥作为燃料替代（表8-1）减少部分温室气体排放，原理如图4-5所示。N_2O因其产生量小，且具有不稳定、易分解的特性，所以本书不做考虑。

表 8-1　污泥含水率与热值关系[①]

含水率/%	90	80	70	60	50	40	30	20	10	0
热值/（kcal/kg）	−227	132	491	849	1 208	1 566	1 925	2 283	2 641	3 000

$$BE_{CH_4,sl,y}= 16/12×GWP_{CH_4}×F×DOC_F×MCF_{BL,sl}×DOC_{BL,sl}×Q_{BL,sl,y}$$

式中，$BE_{CH_4,sl,y}$——y 年基准线情景下污泥处理产生的 CH_4 气量，t CO_2e/a；

$16/12$ —— CH_4 摩尔质量与碳摩尔质量的比例；

GWP_{CH_4} —— CH_4 气的全球暖化潜势，t CO_2e/t CH_4；

F —— 气体中 CH_4 气的比例，IPCC 默认值 0.5；

DOC_F —— 转化成生物气体的分解性有机物含量的比例，IPCC 默认值 0.5；

$MCF_{BL,sl}$——CH_4 变换系数，未管理的固体废物填埋池取值 0.8；

$DOC_{BL,sl}$ —— y 年基准线情景可产生的污泥中的分解性有机物含量，IPCC
　　　　　家庭污泥干物含量为 10%，工业污泥干物含量 35%；

$Q_{BL,sl,y}$ —— y 年基准线情景可产生、处理的污泥量，t/a。

$$ER_{CO_2,sl,y}= Q_{sl,y}×NCV_{sl}×EF_{coal}$$

式中，$ER_{CO_2,sl,y}$——y 年基准线情景下污泥所替代的煤炭量燃烧对应的 CO_2 排
　　　　　放量；

$Q_{sl,y}$——污泥年利用量，t/a；

NCV_{sl}——污泥单位发热量，GJ/t；

EF_{coal}——燃料用煤炭的 CO_2 排放系数，t/GJ，取值 0.101。

---

① 中国建筑材料科学研究总院演讲资料。

8.1.3 其他

（1）废物减量

送入水泥窑协同处置的污泥，热值利用后的燃烧残余物即作为水泥原料使用，几乎不再产生需要填埋的废物。

（2）二噁英控制

由污泥带入烧成系统的 Cl^- 在水泥煅烧系统内可以被水泥生料完全吸收，以 $2CaO \cdot SiO_2 \cdot CaCl_2$（稳定温度 1 084～1 100℃）的形式被水泥生料裹挟到回转窑内，夹带在熟料的铝酸盐和铁铝酸盐的溶剂性矿物中被带出烧成系统，减少二噁英类物质形成的氯源；二噁英在燃烧温度 300～400℃时最易产生，而在＞1 200℃的条件下则不易产生，回转窑炉内气相温度高达 2 000℃左右，固相温度 1 450℃左右，二噁英物质则不易产生[①]。

（3）重金属固化

水泥熟料矿物在其晶格中具有分布各种杂质离子的能力，这些杂质离子以类质同晶的方式取代主要结构元素。基于这些晶体的特殊结构和杂质离子的取代行为，水泥熟料在物质结构上实现固化重金属元素。重金属被固定在熟料矿物相晶格中之后，分布在熟料矿物相晶格的主要金属元素（如 Ca、Al、Si）之间，即在晶格中某处取代了这些元素的位置，此时重金属必须在矿物相再次被破坏的情况下（如高温、酸碱腐蚀等）才可能迁出，而熟料中矿物相的存在形态是相当稳定的，因此重金属被"固溶"在内具备较高的安全性。污泥含有铅、铜、镍、汞、砷等重金属，控制污泥投加量不超出水泥窑重金属最大允许投加量限值[②]，可实现重金属固化于水泥中，减少流入自然界对环境造成污染。

---

① 北京水泥厂先后请北京市环保监测中心、中国科学院生态环境研究中心等多家权威机构对回转窑污染物排放进行定期监测，其结果远低于国家规定的排放标准，二噁英类标准为 0.1 TEQ ng/m^3，实际排放量均小于 0.009 ngTEQ/m^3；砷标准为 1.0 mg/m^3，实际排放量小于 1.6×$10^{-4}mg/m^3$。
② 水泥窑协同处置固体废物环境保护技术规范（HJ 662—2013）。

8.2　水泥窑协同处置发展的基本情况

德国、瑞士、法国、英国、意大利、挪威、瑞典、美国、加拿大、日本等发达国家的水泥窑协同处置均实现了与区域产业结构特征结合,并以此确定协同发展定位,通常定位于综合实现废物能源化利用、资源化利用及危险废物无害化处置的基础上,依据地区需求有所侧重。日本开展协同处置的水泥厂达 24 家,占总数的 80%(统计至 2013 年 4 月),市政污泥超过 30%通过水泥窑实现安全处置;欧洲水泥企业燃料替代率达到了 18%,每年减少 CO_2 排放量 900 万 t,减少煤炭消耗 500 万 t,其中荷兰燃料替代率高达 83%,瑞士燃料替代率接近 48%;美国在 1989 年就已经利用水泥窑协同处置工业废物 100 多万 t,超出当年专用危险废物焚烧炉处理量的 3 倍,至 1994 年取得许可证的 37 家水泥企业处理了全美国 60%的危险废物。

8.2.1　中国水泥窑协同处置废弃物发展现状

近年来,中国对水泥窑协同处置技术应用的关注度有所提高,并通过国际合作及试点项目实践的方式进行了技术的积累,探索相关政策的建立(表 8-2、表 8-3)。结合现场调研及与北京金隅、重庆拉法基、淄博鲁中、广州越堡等企业进行座谈,对比国际现状,笔者认为中国水泥窑协同处置条件已较为成熟,但仍面临许多政策、技术及管理等方面的困难。

表 8-2　中国主要已建成水泥窑协同处置废物项目一览

单位名称	处理物质	处理能力/ (t/d)	工艺类型	备注
华新武穴	生活垃圾、危险废物、 污染土壤	1 000	发酵后入窑	运行
华新株洲	生活垃圾	350		运行
华新恩平	生活垃圾	1 000		试运行
华新宜昌	污泥	150	机械脱水入窑	运行

单位名称	处理物质	处理能力/（t/d）	工艺类型	备注
北京金隅	污泥、污染土壤、危险废物	500（污泥）	机械脱水入窑（污泥）	运行
铜陵海螺	生活垃圾	2×300	预气化入窑	运行
贵定海螺盘江	生活垃圾	200		运行
遵义海螺盘江	生活垃圾	2×400		试运行
平凉海螺	生活垃圾	300		试运行
溧阳中材天山	污泥、生活垃圾	120+450	机械脱水入窑+RDF	运行
遵义拉法基瑞安	生活垃圾	400	RDF	运行
重庆拉法基	污泥	100×3	机械脱水入窑直接泵送入窑	运行
洛阳黄河同力	生活垃圾	350	预焚烧入窑	试运行
唐县冀东	污泥、生活垃圾	150+500	过滤干化入窑+分选脱水入窑	运行
广州华润越堡	污泥	600	干化入窑	运行
浙江太行前景	生活垃圾	100	热解气化入窑	运行
枣庄中联水泥	污泥	50	热干燥入窑	运行
广西鱼峰	污泥	500	热干燥入窑	试运行
淄博鲁中	污泥、危险废物（固、液）	—	直接泵送入窑	实验阶段

注：①电厂粉煤灰、煤矸石、矿渣、钢渣等因为其化学成分与传统水泥原料接近，在协同处置概念引入前已经作为原料被水泥企业广泛使用，故此未入统计范围。

②本表由作者整理编制。

表 8-3 中国主要已建成水泥窑协同处置废物项目一览

项目类别	研究成果
中美合作项目	水泥窑炉持久性有机污染物排放的检测及控制
中挪合作项目	水泥窑炉协同处置废物技术指南
中瑞合作项目	水泥窑炉处置过期农药
北京市项目	北京市水泥厂水泥窑炉焚烧危险废物
广东省项目	广州珠江水泥厂废弃皮革替代燃料
其他（地方政府）项目	生活垃圾由水泥回转窑协同处理系统的研究
	利用水泥回转窑处置城市污水处理厂污泥试验性研究及应用
	城市垃圾焚烧飞灰无害化技术的研究
	二噁英的控制和检测技术
	废物协同处置的技术程序及管理体系

注：作者依据中国水泥网材料编制。

8.2.1.1 中国水泥窑协同处置发展条件——废物产生及水泥行业现状

"十二五"规划末期，中国工业固体废物总堆存量超 270 亿 t，目前产生速率超过 32 亿 t/a[①]。大、中城市危险废物产生量已超过 2400 万 t/a，而持证经营单位处理量不到 400 万 t/a[②]。城市生活垃圾年清运量约 1.71 亿 t。污水处理厂污泥产生量超过 3 500 万 t/a，但污泥无害化、稳定化的处置率仅约 20%，其余大都被违规填埋、偷排河道等。

截至 2015 年 2 月，中国新型干法水泥生产线累计 1 758 条，涉及熟料产量 13.8 亿 t，产能达 18.6 亿 t，有 1 400 多条具备发展协同处置能力[③]。同时，水泥产能过剩严重，水泥企业面临大规模产能整合、业务转型压力。

8.2.1.2 中国水泥窑协同处置发展政策及管理现状

（1）法规、标准体系尚处于规则完善阶段

随着《水泥窑协同处置固体废物污染控制标准》（GB 30485—2013）、《水泥窑协同处置固体废物环境保护技术规范》（HJ 662—2013）、《水泥窑协同处置污泥工程设计规范》（GB 50757—2012）、《水泥窑协同处置固体废物技术规范》（GB 30760—2014）、《水泥窑协同处置工业废物设计规范》（GB 50634—2010）[④]等先后发布及修订，初步与现行废物处置相关法规、标准对接构成了协同处置标准体系框架。《水泥窑协同处置固体废物污染控制标准》（GB 30485—2013）引用了《水泥工业大气污染物排放标准》（GB 4915—2013）、《污水综合排放标准》（GB 8978—1996）、《恶臭污染物排放标准》（GB 14554—93）、《生活垃圾焚烧污染控制标准》（GB 18485—2014）、《危险废物贮存污染控制标准》（GB 18597—2001）等，《水泥窑协同处置固体废物环境保护技术规范》（HJ 662—2013）还引

---

① 工信部《大宗工业固体废物综合利用"十二五"规划》、七部委《关于促进生产过程协同资源化处理城市及产业废弃物工作的意见》。

② 环境保护部《2015 年全国大、中城市固体废物污染环境防治年报》。

③ 国家发展改革委《产业结构调整指导目录（2011 年本）》及修正版（2013）："利用现有 2 000 t/d 及以上新型干法水泥窑炉处置工业废弃物、城市污泥和生活垃圾……"

④ 2015 年局部修订。

用了《危险废物鉴别标准》等，建立了水泥窑协同处置与相关标准的联系；《水泥工业大气污染物排放标准》[①]中对水泥窑协同处置的大气污染物排放做了专门规定，"利用水泥窑协同处置固体废物，除执行本标准外，还应执行国家相应的污染控制标准的规定"。《水泥胶砂中可浸出重金属的测定方法》（GB/T 30810—2014）等针对水泥窑协同处置做出了最新的专业化规定。但是，仍有一系列政策和标准需要制定或完善，如协同处置重金属等有害元素的长期环境风险控制、水泥分类使用等。中国水泥窑协同处置污泥相关主要政策见表8-4。

表8-4　中国水泥窑协同处置污泥相关主要政策及标准

主要政策及标准	备注
《中华人民共和国固体废物污染环境防治法》	中华人民共和国主席令〔2001〕第三十一号
《危险废物污染防治技术政策》	环发〔2001〕199号
《危险废物焚烧污染控制标准》	GB 18484—2001
《水泥工业大气污染物排放标准》	GB 4915—2004
《清洁生产标准　水泥工业》	HJ 467—2009
《城镇污水处理厂污泥处理处置及污染防治技术政策（试行）》	建城〔2009〕23号
《水泥窑协同处置工业废物设计规范》	GB 50634—2010
《关于水泥工业节能减排的指导意见》	工信部节〔2010〕582号
《关于印发城镇污水处理厂污泥处理处置技术指南（试行）的通知》	建科〔2011〕34号
《"十二五"产业技术创新规划》	工业和信息化部
《国民经济和社会发展"十二五"规划纲要》	国务院
《水泥工业"十二五"发展规划》	工业和信息化部
《水泥窑协同处置固体废物污染控制标准》	GB 30485—2013
《水泥窑协同处置污泥工程设计规范》	GB 50757—2012
《水泥窑协同处置固体废物环境保护技术规范》	HJ 662—2013
《水泥窑协同处置固体废物技术规范》	GB 30760—2014

注：作者整理。

---

① 2014年3月1日起实施。

（2）缺乏全过程协调保障机制，存在监管漏洞

从废物收集到最终处置，中间多项环节需加强协同及管理，具体表现在：

①废物分类收集、运输、贮存、分送、处置全过程环境安全管理机制欠缺，分类不到位、无证运输、含热值或其他可被利用危险废物存在私下交易[①]、水泥厂暂存设施（排气通风、安全隔离区设置等）往往达不到《危险废物贮存污染控制标准》要求、企业钻政策漏洞（私下开展含氰废渣等《水泥窑协同处置固体废物污染控制标准》（GB 30485—2013）中未涉及的物质等）；

②产—学—研合作机制平台建设不足，政府及社会资金支持不够；

③环境安全标准执行监管不到位，非安全填埋等方式挤占市场；

④污染减排及碳减排交易机制平台建设不足，协同处置减排成效未能转化为资金，水泥窑协同处置补贴低于处置运行成本。

（3）财税政策亟须完善

企业自主研发阶段缺少政府财政支持，处置市政污泥时，问题尤为突出，运行阶段所获取的污泥处置费或补贴等不足以弥补水泥窑改造施工和其他成本增加的支出；处置市政污泥的业务亏损往往需要通过处置工业废弃物来弥补。具体表现在以下五个方面：

①水泥窑协同处置电补或处理费低于垃圾焚烧发电企业[②]；

②水泥厂协同处置污泥相关费用未纳入《中华人民共和国水污染防治法》所指出的"污水处理费"[③]范畴；

③《财政部、国家税务总局关于资源综合利用及其他产品增值税政策的通知》[④]规定污水处理劳务免征增值税，未明确污泥处置，同时，规定享受增值税即

---

① 据环境保护部《2015 年全国大、中城市固体废物污染环境防治年报》：2014 年中国大、中城市工业危险废物产生量为 2 436.7 万 t，各省（区、市）持证（危险废物经营许可证）经营单位核准实际利用量 993 万 t，实际处置量 394 万 t，危险废物规范化管理督察考核整体抽查合格率为 74.9%。

② 2014 年华北督察中心资料显示，洛阳黄河同力水泥协同处置生活垃圾补贴仅 60 元/t，为处置成本的 50%。

③ 包括污水处理厂的生产成本、管网维护成本、泵站提升成本、管理费用及折旧费用。

④ 财税〔2008〕156 号文件。

征即退政策要"在水泥生产原料中掺兑废渣比例不低于30%",此举易造成超标烂掺混合材的现象;

④《企业所得税条例》规定"从事节能环保企业第一年至第三年可免交企业所得税,第四年至第六年减半征收的优惠政策",水泥窑协同处置项目投资巨大,收益率低,3年时间相对较短;

⑤污泥处置装备的国产化以及配套人才队伍建设资金缺口大,科技攻关财政投入支撑不足[①]。

8.2.1.3　中国水泥窑协同处置发展技术水平现状

（1）企业协同处置发展定位不清,整体发展缓慢

欧、美、日等地区和国家的协同处置结合当地区域产业结构特征形成自己的定位,而目前中国水泥窑协同处置定位还仅限于简单废物中有机物的热值利用,或煅烧后的灰渣作为水泥熟料的原料化利用,主要处理市政污泥、生活垃圾和污染土壤等一般固体废物,且企业数量不过几十家,与1 400条发展潜力相差甚远。同时,部分水泥企业基于盈利拟开展工业浆渣、危险废物等的协同处置,但国内政策、技术均缺乏有力的引导和支撑,目前取得危险废物处置经营许可证的企业只有16家[②],且可对危险废物名录10种以上进行连续处置的企业只有3家。总体来说,中国水泥企业开展协同处置尚处于起步至发展阶段,未能与所在地区产业特征良好结合,完成企业协同处置发展的定位。

（2）地区发展不均衡

中国水泥企业空间分布相对均衡,但目前开展协同处置的水泥企业却与之不匹配,主要受地方废物处置观念、政策支持力度、企业发展理念等差异的影响。以重庆和山东对比为例,重庆主城区日产市政污泥1 200 t,其中600 t由全市6家水泥厂协同处置;山东拥有多家新型干法水泥窑,但目前仅有鲁中水泥下属一家工

---

① 孔祥娟,魏亮亮,薛重华,等. 城镇污泥水泥窑协同处置现状与政策需求分析[J]. 给水排水,2012,38（6）：22-26.
② 统计至2014年年底。

厂进行危险废物协同处置试运行，约 100 t/a，全省暂无协同处置市政污泥案例。

（3）协同效应认知度低，距离应用尚存在不小差距

以协同处置污泥为例，利用污泥中的氨实现脱硝等基于环境协同效应的技术在日本等国已进入应用阶段，而中国尚未有企业进行量化评估。企业对采用协同处置可获取的隐性经济效益认知缺乏、分析不到位，主动开展协同处置积极性不高。地方行政管理层对协同处置可带来的环境效应与社会效应认识不深刻，不但未及时鼓励甚至还限制了协同处置的发展。

（4）技术科研"瓶颈"显著

技术短板已成为中国水泥窑协同处置的突出问题，与企业发展理念落后互为牵制，集中表现在：自主技术"难产"、引进技术有限、产学研脱节。目前，中国技术较为成熟的拉法基集团、北京金隅集团等均为合资，是早期引进的国外技术设备，当前技术水平与欧、美、日相比又已经落后一定距离。具体表现如下：

①大部分水泥企业协同处置废物类别单一或较少，集中体现在市政污泥和生活垃圾上，资源化利用整体水平较低；

②低含水率市政污泥及工业浆渣的泵送设备制造技术水平低，设备运行不稳定，难以打破欧洲技术垄断，引进设备水土不服；

③废物运输、贮存专业化密闭设备使用率低，异味问题突出；

④多种类废物综合处置工艺技术设计能力欠缺，运行稳定性控制较差；

⑤协同处置过程除氯等技术和工程工艺缺乏，难以消除氯化物对金属构件的腐蚀、磷（P_2O_5）对水泥凝结的影响[①]、Na_2O 和 K_2O 的"碱性骨材反应"，为保障水泥质量只能降低协同处置废物量；

⑥实时监测技术不足。

[①] 随着污水处理厂出水水质标准越来越严格，生物和化学除磷会导致污泥中磷含量升高，延缓水泥凝结。

8.3 中国水泥企业利用日本技术和管理协同处置污泥试点项目协同效应预评估

8.3.1 试点项目介绍

本研究依据日本太平洋公司设计方案，结合国内现有水泥窑协同处置污泥运行现状，对湖南韶峰南方水泥有限公司试点协同效应进行了预评估，结果发现协同效应非常显著。

8.3.1.1 项目基本情况

（1）企业概况

韶峰南方水泥有限公司位于湖南省湘乡市（县级市，人口 95 万，市区人口 20 多万，2014 年 GDP 为 299.56 亿元，第二产业占比接近 53%，水泥为主要工业产业之一），现为中国建材集团（2015 年全国水泥熟料产能榜首）旗下企业之一，是全国水泥行业和湖南省第一家同时获得"三证"①的企业，目前在运行有 5 000 t/d、2 000 t/d 熟料生产线各 1 条。拟对 5 000 t/d 规模生产线进行改造，现采用 SNCR 氨水（浓度 20%）脱硝，NO_x 浓度控制在 307 mg/m³ 左右（GB 4915—2013 要求 400 mg/ m³），氧浓度 9%～10%，吨熟料煤耗 0.144 t。

（2）资金来源构成

资金来源由省级排污费专项资金与市级环境保护专项资金（可申请，小于 200 万元）、日方援助（包括污泥分析、工艺设计、研讨会及部分环评费用）、企业资金（工程建设施工设计、基建、设备等）构成。

（3）项目预期

协同处置湘乡市市政污泥及皮革产业污泥，并逐步开展协同处置其他类别废弃物，实现污泥等无害化与本地消化。

---

① ISO 9002 质量体系认证、ISO 10012-1 计量检测体系认证和 ISO 14001 环境管理体系认证。

湘乡市市政污泥：经板框滤压，污泥含水率 50%～60%，10 t/d（依据 20 万市区人口测算应为 20 t/d[①]），现处理方式为环保企业中间处理后售于砖厂，总处理费 190 元/t。

湘乡市皮革工业园产业污泥：经板框滤压，污泥含水率约 60%，综合污泥50～60 t/d，含重金属污泥 2～3 t/d，原则上禁止填埋，总处理费 100 元/t。

其他固体废物（拟在未来纳入）：污染土壤、高热值固体废物（如石化行业浆渣等）、危险废物（目前均为送往异地处置）。

8.3.1.2　技术方案

鉴于湘乡市污泥业已经压滤脱水至 50%～60%（目前国内污泥出厂含水率一般为 80%），考虑两套方案，即直接处理法［湿法，图 8-1（a）］与间接处理法［干法，图 8-1（b）］，通过协同效应及投入产出比对，选择直接处理法。除氯旁路、低氮燃烧器作为备选技术应用。

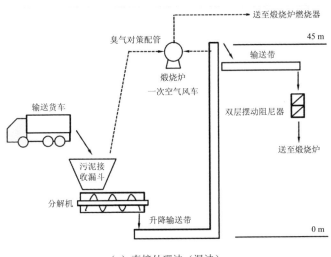

（a）直接处理法（湿法）

---

① 城市污泥产生总量（W_1）=kH=0.45H，H 为常住人口，污水处理厂实际处理污泥量（W_2）=0.72W_1，微生物分解污泥量（W_3）=0.28W_2，污水处理厂的污泥量（W_4）=0.28W_2，W_4 为含水率 80%。

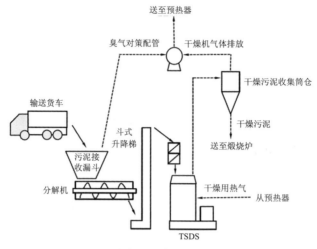

（b）间接处理法（干法）

图 8-1 污泥处理示意图

污泥投加煅烧如图 8-2 所示，干燥处理法中干燥装置的排放气体回到 3 次空气风管（气体温度 740℃），从熟料冷却器出来的 3 次空气风管与煅烧炉下部（煅烧炉燃烧器周边）相连，同时在塔附近进行分叉与煅烧炉上部相连，以减少 NO$_x$ 的排放。干燥装置的排放气体全部引入 900℃以上的煅烧炉内，实现臭气分解。

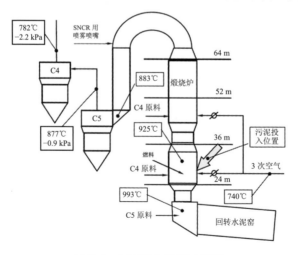

图 8-2 污泥投入煅烧示意图

8.3.2 协同效应核算预测

经测算，采用直接处理法（湿法），项目建成后协同处置湘乡市现有污泥，可实现协同效应，计算如下所述。

污泥中的氨成分使水泥窑废气中的 NO_x 进行了如下分解，实现 NO_x 减排核算公式及核算条件见表 8-5。

$$E_i = \sum_{i=1}^{n} P_{ij} \times ef_{ij} \times \eta_{ij}$$

表 8-5 NO_x 减排量的核算条件

符号	项目	条件
n	水泥熟料生产设施的条数	新型干法窑 1（条）
—	水泥窑的规模	5 000（t 熟料/d）
P_{ij}	水泥熟料的年产量	1 825 000（t 熟料/d）
ef_{ij}	水泥熟料单位产量的 NO_x 排放系数	1.584（kgNO$_x$/t 熟料）
η_{ij}	NO_x 去除率	12%[①]

核算 NO_x 削减量约 346.8 t/a。

引进低氮燃烧器，则依据日本实验数据可实现 NO_x 约 30% 的去除率，按照如上核算条件，即可实现 NO_x 削减量约 867 t/a。

温室气体减排量核算分两部分，即燃煤替代实现的温室气体减排和减少 CH_4 排放实现的温室气体减排。

减少 CH_4 排放所实现的温室气体减排量核算条件见表 8-6。

---

① 日本下水道协会资料以及《关于引进氮氧化物减排对策技术的指导方针》（日本环境省 2014 年 3 月），下水道污泥（含水率 80%）5 t/h 投加入 125 t/h 熟料生产线，可实现 NO_x 去除率 40%，降低 160 mg/m³，换算为含水率 60% 污泥 5 000 t/d 熟料生产线，可实现 NO_x 去除率 12%。

表 8-6　温室气体（CH₄）基准线排放量的核算条件

符号	项目	条件	备注
GWP_{CH_4}	CH₄ 的温室效应系数	25 t CO₂ 当量/t CH₄	—
F	气体中 CH₄ 的比例	0.5	IPCC 默认值
DOC_F	变化为生物质气体的分解性有机物含有量的比例	0.5	IPCC 默认值
$MCF_{BL,sl}$	CH₄ 变换系数	0.8	未进行管理的固体废物填埋池
$DOC_{BL,sl}$	污泥降解性有机物含有量的比例	假定为 0.05（污水），0.09（工业）	IPCC 默认值
$Q_{BL,sl,y}$	可生成和处理的污泥量	假定为 6 000 t/a（污水），20 000 t/a（工业）	假定 15～18 t/a（污水），50～60 t/a（工业）

依据本章前述公式，核算结果见表 8-7。

表 8-7　温室气体减排量的核算结果

减排来源	核算结果
GHG 减排量（污水污泥）	2 000（t CO₂/a）
GHG 减排量（工业污泥）	1 2000（t CO₂/a）
合计	14 000（t CO₂/a）

燃煤替代所实现的温室气体减排量核算条件见表 8-8。

表 8-8　温室气体燃煤替代减排量的核算条件

符号	项目	条件	备注
$Q_{sl,y}$	污泥（污水、工业）的全年利用量	26 000 t 污泥/a	问卷调查
NCV_{sl}	污泥（污水、工业）的单位发热量	5.056（GJ/t 污泥）1 207.5（kcal/kg）	表 8-1
EF_{coal}	燃料用煤炭的 CO₂ 排放系数	0.101 t CO₂/GJ	IPCC

核算利用污泥热值可实现燃煤替代约合 4 485 t 标准煤。

依据本章前述公式，本部分温室气体减排量核算结果为 13 227 t CO₂/a。

在引进低 NO_x 燃烧技术的情况下，还可实现另一部分来自原料的 CO_2 减排，CO_2 减排量的核算公式如下：

$$ER_{CO_2,y} = P_{cli,y} \times EF_{cli} \times \eta_{CO_2}$$

式中，$ER_{CO_2,y}$——引进低 NO_x 燃烧技术的节能效果带来的 CO_2 减排量，t CO_2/a；

$P_{cli,y}$——水泥熟料的全年产量，t 熟料/a；

EF_{cli}——水泥熟料单位产量的 CO_2 排放系数，t CO_2/t 熟料；

η_{CO_2}——引进低 NO_x 燃烧技术产生的燃烧效率改善率，%。

减排量的核算条件见表 8-9。

表 8-9　低氮燃烧技术温室气体（CO_2）减排量的核算条件

符号	项目	条件	备注
①	水泥熟料的日产量	5 000（t 熟料/a）	问卷调查
$P_{cli,y}$	水泥熟料的全年产量	1 825 000（t 熟料/a）	①×365 d
②	水泥熟料单位产量的耗煤量	0.144 t（煤炭/t 熟料）	问卷调查
③	煤炭的单位发热量	11.9（GJ/煤炭）	IPCC
④	煤炭的 CO_2 排放系数	0.101（t CO_2/GJ）	IPCC
EF_{cli}	水泥熟料单位产量的 CO_2 排放系数	0.173（t CO_2/t 熟料）	②×③×④
η_{CO_2}	引进低 NO_x 燃烧技术产生的燃烧效率改善率	7%	假定值

引进低 NO_x 燃烧技术实现的 CO_2 减排量的核算结果为 22 100 t CO_2/a。

依据水泥厂所用煤炭含硫量控制范围（1%～2%），按照第 5 章所述核算方法，污泥产生的燃煤替代可实现 SO_2 减排量为 71.76～143.52 t/a。

低氮燃烧实现燃烧效率提高 7%，约合减少燃烧 1.8 万 t/a，依据第 5 章所述核算方法，核算 SO_2 产生量削减为 294.3～588.6 t/a。

依据湘乡市污泥成分分析及《重金属最大允许投加量限值》[①]计算可减排重金属 0.6～3.8 t/a。

---

① 《水泥窑协同处置固体废物环境保护技术规范》（HJ 662—2013）。

该示范项目开展水泥窑协同处置污泥及低氮燃烧技术应用，污染物及温室气体减排量及协同效应非常显著，具体见表 8-10。

表 8-10 水泥窑协同处置污泥及低氮燃烧技术应用的环境效应

	NO_x/ （t/a）	温室气体减排/ （万 t CO_2e/a）	SO_2/ （t/a）	重金属/ （t/a）	协同效应系数 （CO_2 减排量/ SO_2 减排量）	协同效应系数 （CO_2 减排量/ NO_x 减排量）
污泥	346.8	2.72	71.76～143.52	0.6～3.8	190～379	78.4
LNB	867	2.21	294.3～588.6	—	37.5～75	25.5
综合	1 213.8	4.93	366～732	0.6～3.8	67.3～134.7	40.6

注：LNB——低氮燃烧器应用，按去除率 30%核算 NO_x 减排，按燃烧效率改善 7%核算温室气体减排；二噁英减少量难以量化。

8.4 水泥窑废弃物的协同效应评估结论

本试点项目开展水泥窑协同处置污泥并同步应用低氮燃烧器，可实现 NO_x 及 SO_2 同时减排，且减排量显著。

开展水泥窑协同处置污泥的 NO_x 减排量可达到 346.8 t/a，SO_2 生成量可削减 71.76～143.52 t/a。因协同处置污泥过程避免了大量 CH_4 生成（约合 1.4 万 t CO_2）以及实现燃煤替代减少温室气体产生（1.32 万 t CO_2），因此温室气体减排效果十分显著，温室气体减排与 NO_x 减排量的协同效应系数达到 78.4，与 SO_2 减排量的协同效应系数更是高达 190～379。

低氮燃烧技术应用可实现 NO_x 减排 867 t/a，同时因改善整体燃烧效率，可通过减少燃煤消耗产生温室气体 2.21 万 t CO_2/a，实现 SO_2 生成量削减 294.3～588.6 t/a。低氮燃烧技术应用实现的温室气体减排量与 NO_x 减排量的协同效应系数达到 25.5，与 SO_2 减排量的协同效应系数达到 37.5～75。

试点项目水泥窑协同处置污泥和低氮燃烧技术综合 NO_x 减排量达到 1 213.8 t/a，SO_2 减排量达到 366～732 t/a，温室气体减排量达到 4.93 万 t CO_2e/a，温室气体减

排与 NO_x、SO_2 减排量的协同效应系数分别达到 40.6 和 67.3～134.7。

　　水泥窑协同处置污泥在为当地带来诸多环境收益的同时，也可给企业带来经济收益，本研究核算了 NO_x 减排综合效率 10%情景下的企业投资收益。相较于污泥其他处置方式（依照卫生填埋需占用 18.6 万 m^2，所处置污泥全部填埋成本[①] 385 万～455 万元/a，焚烧成本为 746 万～887 万元/a），利用水泥窑协同处置，在资源化利用的同时给企业带来每年 700 多万元的收益，核算参数见表 8-11。

表 8-11　企业投资收益

项目	数量	单位	备注
设备投资金额	1 300	万元	—
水泥窑运行天数	300	d/a	—
水泥熟料生产量	5 000	t 熟料/d	调研结果
污泥处理量	84	t 污泥/d	调研结果
污泥处理价格	190	元/t	调研结果（15/3/31）
污泥发热量	1 200	Mcal/t 污泥	—
煤炭发热量	5 600	Mcal/t	调研结果（15/3/31）
水泥窑 IDF 风量强度	1.5	—	调研结果
水泥窑 IDF 电力强度	10	—	调研结果
购入电力价格	0.71	元/（kW·h）	调研结果（15/3/31）
1. 经济收益	—	—	—
1）处理费收入	—	—	—
污泥处理价格	190	元/t	—
数量	25 200	t/a	—
处理收入	478.8	万元/a	—
2）原料代替	—	—	—
污泥水分	58	%	—
污泥水量	48.72	t/d	—
污泥 ig.loss	63	%	调研结果

[①] 依据中国科学院地理科学与资源研究所环境修复中心张义安等，按照《城市污泥不同处理处置方式的成本和效益分析》中所述方法进行测算。

项目	数量	单位	备注
（污泥灰分、黏土分）	3 916.08	t/a	—
原料购入价格	23	万/t	调研结果
原料代替收益	9	万元/a	—
3）NO_x 减排	10	%减排	—
污泥处理的 NO_x 减排量	70	mg/m³	保守估计
氨水添加量	18	t 氨水/d	—
氨水浓度	20	%	—
氨水的水量	14.4	t/d	—
氨水的 NO_x 减排量	400	mg/m³	—
污泥产生的氨水购入减少量	3.15	t 氨水/d	—
氨水单价	710	元/t 氨水	—
NO_x 减排收益	67	万元/a	—
4）煤炭购入费用减少	—	—	—
污泥发热量	1 200	Mcal/t 污泥	—
污泥引起的使用热量增加	263	Mcal/t 污泥	水分蒸发排气显热增加
污泥使用产生的热量减少	937	Mcal/t 污泥	有效热量
污泥使用数量	25 200	t 污泥/a	—
煤炭发热量	5 600	Mcal/t 煤炭	调研结果（15/3/31）
煤炭价格	710	元/t 煤炭	调研结果（15/3/31）
煤炭购入费用减少	299	万元/a	—
正面经济收益合计	854	万元/a	—
2. 费用支出	—	—	—
1）处理风量增加产生的水泥窑 IDF 电力增加	—	—	—
水泥窑 IDF 电力强度	10	kW·h/t	调研结果
风量强度（标态）	1.5	m³/kgcli	调研结果
污泥处理时风量强度（标态）	1.525	m³/kgcli	—
风量强度的变化（标态）	0.025	m³/kgcli	计算结果
污泥处理时电力强度	10.51	kW·h/tcli	—
购入电力价格	0.71	元/（kW·h）	调研结果（15/3/31）
电力费用增加	54	万元/a	—

项目	数量	单位	备注
2）污泥处理设备用电增加	—	—	—
设备总动力	88.5	kW	—
设计规格电力的负荷率	75	%	—
购入电力价格	0.71	元/（kW·h）	—
电力费用增加	34	万元/a	—
3）维修费用增加	13	万元/a	—
费用支出合计	101	万元/a	—
每年经济收益	753	万元/a	—

9

行业协同效应评估案例之二——无水印刷技术协同减排污染物与温室气体案例评估

本章以印刷行业无水印刷技术应用为例，开展企业层面引进无水印刷技术后 VOCs 与 CO_2 协同减排评估，通过实地监测和公开文献获取数据，进行实证研究。

9.1 我国印刷行业 VOCs 污染与治理现状

目前，VOCs 已经逐步成为我国大气污染控制的重点。为加快推进 VOCs 综合治理进程，2017 年，环境保护部联合国家发展改革委、财政部等印发《"十三五"挥发性有机物污染防治工作方案》，以京津冀及周边、长三角、珠三角等区域为重点，以石化、化工、工业涂装、包装印刷等重点行业为主要控制对象，建立 VOCs 污染防治长效机制。2019 年，为进一步深入实施《"十三五"挥发性有机物污染防治工作方案》，提高 VOCs 治理的科学性、针对性和有效性，协同控制温室气体排放，生态环境部发布《重点行业挥发性有机物综合治理方案》，提出 VOCs 控制思路和石油、化工、工业涂装、包装印刷、油品储运销重点行业具体治理要求。

针对 VOCs 的污染控制，以"行业+综合"的 VOCs 排放标准体系正在逐步形成。在国家层面，目前已经出台了 17 项标准，其中 VOCs 排放主要行业标准 11 项，与 VOCs 相关的标准 6 项。此外，北京、上海和广东等相继出台了一系列控制 VOCs 的地方标准，其中北京已发布 14 项、上海已发布 9 项、广东已发布 6 项。在印刷行业 VOCs 控制上,地方标准先于国家标准,目前已有 10 个省(区、市)出台了印刷行业地方标准,在印刷行业 VOCs 污染控制领域发挥了积极作用。

近年来,我国印刷行业保持稳步增长的态势,已成为继美国、日本、欧盟之后的全球第四大印刷市场。印刷企业生产过程中印前(显影剂、制版清洗剂)、印中(各种油墨及油墨稀释剂)、印后(上光油、覆膜胶、胶黏剂)等均有使用含 VOCs 的原辅材料,会伴有不同程度和不同形式的 VOCs 排放,且有些企业印刷车间密闭性较差,未配备有效的污染治理设施,无组织排放较严重。而配备了处理设施的企业,有些气体收集效率低,污染治理设施及配备的排气筒不规范,导致 VOCs 排放量增大。据统计,2018 年,我国印刷行业 VOCs 排放量约 120 万 t,其中包装印刷行业 VOCs 排放总量估算为 85 万 t,约占印刷行业排放总量的 70%。

我国印刷行业 VOCs 治理主要包括源头治理和末端治理,其中以末端治理为主。源头治理主要是采用无 VOCs 或低 VOCs 的原辅材料来减少 VOCs 的输入量,实现整个生产过程中 VOCs 的减排,目前水性油墨、水性黏合剂、UV 印刷等低 VOCs 绿色原辅材料已在研发和应用中,并取得了初步成效。针对末端治理,主要是采用活性炭吸附、光催化、等离子、吸附浓缩和催化燃烧等技术实现 VOCs 的达标排放。随着 VOCs 污染排放控制政策法规和管理制度体系的逐步建立,进行末端治理的代价提高,企业应从源头上减少了 VOCs 的使用量和排放量。企业加强源头削减,能够明显减少污染气体的排放量,大大降低治理的难度和成本,且协同控制效果更优。

无水印刷技术作为印刷行业源头替代的重要技术之一,制版工序中不使用显像液、印刷工序中不使用润版液,意味着显像液和润版液的制造和处理成本为 0,与此相关的 CO_2 的排放量也为 0。美国、德国和日本等国家的印刷企业很早就开始使用无水印刷技术,并取得了显著效果。1977 年,作为印刷技术发源地的德国实施了"无水印刷"的印刷业者集结到杜塞尔多夫,组成了欧洲的无水印刷协会。1992 年,美国弗吉尼亚州环保部门制作了"无水印刷"的奖励宣传片,鼓励印刷业者严格遵守规定使用"无水平版"的活动,刺激了全美的印刷业。在日本,丰田、日产、国土交通省、欧姆龙、精工电子等企业和行政发布的印刷品上也都使用了无水印刷技术。

9.2　无水印刷技术使用情况及效果

无水印刷最早是在 20 世纪 60 年代由 3M 公司开发并推向市场的，当时被称为平版干胶印术。经过不断地推广与宣传，无水印刷技术开始被人们所熟知。无水印版属于平凹版结构，其图文部分处于凹陷部，带墨；印版上的硅胶涂层则不带墨，不需要使用润版液。这样一来有以下几大优势：一是由于无水版不含水和异丙醇，不会产生 VOCs 及润版废液的排放，对保护操作人员健康、改善车间生产环境及环保都有益处；二是无水版用水显影方式冲版，冲版水可简单处理，不含有害物质，属于环保型的印刷材料；三是无水印刷使用环保的植物型油基无水油墨，安全环保；四是传统胶印中由于水的作用，网点扩大率比较大，无水印刷的网点扩大率较小，可令印刷品的图文鲜艳光亮，色彩层次丰富，能够有效提升印刷品质；五是无水印刷解决了原本因水造成的问题，有效缩短校机时间，减少试印样张数量，减少次品量，同时也节省了润版液等材料的费用，从这个角度来看，无水印刷有助于节约生产成本。

目前，无水印刷技术在日本等国家被广泛应用并取得了显著效果。以日本为例，无水印刷技术由于具有不污染环境和不使用润版液等优势，作为一种环保技术被日本某印刷公司所采用。公司在制造环节中通过产品给客户传达降低环境负荷以及企业作为地球居民应开展环境保护活动的理念，可以提高企业的社会责任，增加企业环保竞争力。此外，作为印刷行业，企业要有"加法"和"减法"责任。"加法"责任为作为地域居民，对环境保护的社会责任，客户企业对环境保护的社会责任、构筑可持续社会责任；"减法"责任为油墨清洗剂引起健康问题，使用润版液排放 VOCs，使用印刷油墨排放 VOCs，使用纸张对森林资源的消费。此外，2009 年 2 月，日本要求政府采用碳补偿的措施，要求 10 年实现 6 000 t 的碳补偿，该公司实现了 1 100 t 碳补偿，也因此获得了日本政府颁发的"蝴蝶标志"。企业通过使用有森林认证的纸张，采用植物性的油墨和无水印书技术等，有助于实现可持续发展目标，对于实现低碳社会有参考意义。

此外，使用无水印刷技术后该企业有了其他显著优势，主要为：

一是降低了操作难度。无水印刷大幅降低保养费用及时间，并降低对设备和胶辊的腐蚀及老化。

二是产品品质较为稳定。产品呈现出不易膨胀变形、不易起脏、整体颜色稳定、高套印精度高、印刷密度稳定等多项优势。

三是提高了竞争水平。日本印刷公司基于对环境保护的责任以及为提高企业在同行业的竞争水平，在 2003 年开始采用无水印刷技术。2019 年 4 月，日本修订了《绿色采购法》，无水印刷也作为胶印行业不排放 VOCs 的技术被正式纳入《绿色采购法》中。日本企业下单时已形成指定无水印刷系统企业，提高环保社会责任，使用无水蝴蝶标志的流程。

9.3 无水印刷技术协同减排污染物与温室气体评估研究

本研究以某两家印刷企业为案例，开展企业层面引进无水印刷技术后，企业污染物与温室气体减排协同效应评估，为我国印刷行业 VOCs 与温室气体协同减排提供数据支撑。

9.3.1 试点企业介绍

考虑到无水印刷技术主要适用于出版物印刷、包装印刷等平版印刷，本书选取的其中一家印刷企业位于北京，以出版物印刷为主，其具备将生产线改为无水印刷的条件。此外，该企业建成了集气罩收集—活性炭吸附—高位排放工艺于一体的末端处理装置。尽管安装末端处理装置后，该企业的 VOCs 能达到地方大气污染排放标准，但其运行与维护对其经营成本与其他环境负荷方面产生了负面影响,具体包括:集中废气收集系统造成电力消费以及温室气体排放量的增加(为了保持车间的温湿度稳定,就必须加强空调负荷);受生产工况以及淡旺季影响,印刷企业很难实时掌握活性炭饱和情况以及更换时机。废弃活性炭造成了二次污染物(固体危险废物)的大量产生。

另外一家印刷企业位于镇江,为鞋服、照明、汽配、食品饮料、日化等行业提供彩盒、彩箱、纸卡、纸袋等产品,企业的 VOCs 处理装置和技术与北京的企业相同。

9.3.2 情景设置

基于数据的可获得性和研究内容,本研究设定了 3 种技术情景,将采用有水印刷但未安装末端治理设施作为基准情景(表 9-1);将核算边界确定为平版印刷的承印物到出现成品的过程,核算的时间为企业一年的运行情况。

表 9-1　技术情景设置

情景	具体措施
基准情景	采用有水印刷,无末端治理设施
技术 1	采用有水印刷,末端治理设施
技术 2	采用无水印刷,无末端治理设施

9.3.3 数据来源

本书中,技术 2 情景下 VOCs 的浓度通过在企业进行 7 d 的排放并进行连续监测而获得,监测/检测方法主要包括便携式火焰离子化检测仪(FID)监测和"气袋采样+实验室 FID 检测"。印刷原辅材料类型及用量、电力消耗等为企业根据领料记录提供的统计数据,原辅材料 VOCs 含量为以往研究经验数据。

9.3.4 协同效应评价结果

9.3.4.1 无水印刷情景下 VOCs 浓度的变化

由图 9-1 可知，位于北京的企业采用有水印刷技术时，VOCs 的排放浓度最高可达 100 mg/m³ 左右；采用无水印刷技术时，不同类型的印品（有光油和无光油）对 VOCs 的排放浓度影响不大，且浓度低于北京市的 VOCs 排放标准（30 mg/m³）。使用无水印刷技术后，可以显著降低 VOCs 排放。

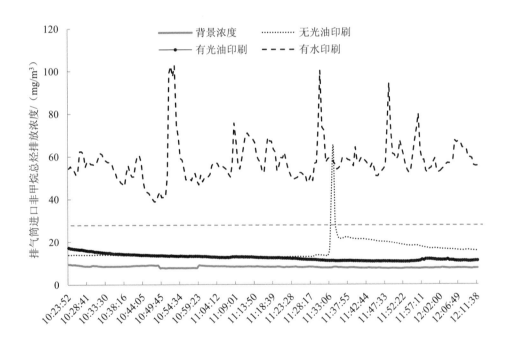

图 9-1 企业 VOCs 有组织排放情况

镇江企业采用无水印刷技术进行检测时，VOCs 排放浓度为 1.16 mg/m³。

9.3.4.2 不同情景下 VOCs 排放量的变化

由表 9-2 可知，不同情景下原材料和能源消耗量存在显著差异，技术 2 情景下异丙醇和润版液的消耗量为 0，这也是导致 VOCs 排放量大幅下降的原因。

表 9-2 不同情景下原材料和能源消耗量

材料名称	VOCs 含量/%	能源消耗量（北京试点企业）			能源消耗量（镇江试点企业）		
		基准情景	技术 1 情景	技术 2 情景	基准情景	技术 1 情景	技术 2 情景
油墨	0.03	4 320	4 320	65	1 546	1 546	160
洗车水	1.00	397	397	6	1 008	1 008	5
光油	0.03	445	445	80	7 931	7 931	0
异丙醇	1.00	720	720	0	6 650	6 650	0
润版液	0.15	3 000	3 000	0	590	590	0
用纸量		10 560	10 560	150	21 713	21 713	520
耗电量		318 217	342 857	2 041	—	—	—

注：表中基本情景和技术 1 情景的原料和耗电量数据为一年，技术 2 情景为试验期间的运行数据，其中北京试点企业为 7 天，镇江试点企业为 4 个月。用纸量单位为令纸，耗电量单位为 kW·h，其他原料单位为 kg。

由图 9-2 可知，在生产等量纸张的情况下，不同情景下 VOCs 的排放量存在显著差异。以 2018 年全年的生产数据来看，基准情景下印刷企业全年 VOCs 的排放量最高，为 1.71 t，技术 1 情景下 VOCs 的排放量为 0.86 t，技术 2 情景下 VOCs 的排放量为 0.67 t。根据无水印刷测技术试期间排气筒连续监测数据来看，有组织废气非甲烷总烃浓度平均为 20 mg/m^3，风量平均为 7 000 m^3/h。按照无水印刷技术测试期间数据来看，生产时间为 7 d，每天生产 10 h，有组织 VOCs 排放总量为 9.8 kg。根据无水印刷技术测试期间消耗的油墨和用纸量数据来看，技术 2 情景下单位油墨 VOCs 的排放量为 0.151 t VOCs/t 油墨，单位纸张 VOCs 的排放量为 0.065 t VOCs/令纸。

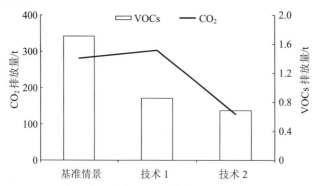

图 9-2 2018 年北京试点企业不同情景下 VOCs 和 CO_2 的排放量

与基准情景相比，技术 1 情景下 VOCs 的排放量明显下降，VOCs 的减排率为 50%；技术 2 情景下 VOCs 的排放量最低，减排率为 60%左右。可见，采用无水印刷技术后，即使不采用末端治理设施，也可实现 VOCs 的显著减排。

9.3.4.3　不同情景下 CO_2 排放量的变化

由图 9-2 可知，不同情景下 CO_2 的排放量也存在差异。相比基准情景，技术 2 情景下 CO_2 的排放量降低了 55%。但是因为使用末端治理设施会增加电力的消耗，所以技术 1 情景下 CO_2 的排放量增长了约 8%。

9.3.4.4　不同情景下污染物与温室气体协同减排效应系数的变化

较大的协同效应系数意味着减排单位局地污染物同时产生的温室气体减排量大，也就说明该技术（区域）实施的污染物减排措施协同效应较好。技术 2 情景下的协同效应系数为 150.7，说明采用无水印刷技术后不仅可以减少 VOCs 的排放量，还可以协同减少 CO_2 的排放量。

9.4　无水印刷技术协同减排污染物与温室气体评估结论

本试点项目以北京和镇江某印刷企业为例，通过实地监测和核算相结合的方式，评估了该企业引进无水印刷技术后污染物与温室气体协同减排效果，结论如下。

①相比基准情景，实施无水印刷技术或安装末端治理设施均能减少 VOCs 的排放量，但是不同技术措施的 VOCs 减排效果不同。与安装末端治理设施相比，实施无水印刷技术的 VOCs 减排效果更佳。

②与基准情景相比，实施无水印刷技术后由于停用了末端治理设施，CO_2 排放量显著下降，安装末端治理设施会增加 CO_2 的排放量。

③相比于末端治理设施只能减排 VOCs，以无水印刷技术为代表的源头替代技术可以实现 VOCs 和 CO_2 的协同减排。因此，从协同减排出发，源头替代技术应得到优先实施，而以单一污染物削减为主的末端控制措施应逐步淘汰或减少使用。

另外，在产品质量方面，采用无水印刷技术后，有水印刷多发的乳化引起飞磨现象消失，整体的印品颜色较为稳定，能够满足我国对印刷品质量的要求。同时，在经济成本方面，根据在日本开展的研究，使用无水印刷技术后，能够节省人力成本，润版液供水装置、管理费等成本也可实现削减；与有水印刷技术相比，生产效率提高 16%，纸张使用量减少 30%。

10

政策协同效应评估案例——煤炭消费总量控制

煤炭消费总量控制是实现污染减排与温室气体减排协同控制的重要政策措施。本章基于中国煤炭总量控制政策提出的控制目标，结合当前燃煤与主要大气污染物排放的关系，对不同能源替代情景下的污染物及温室气体减排量进行核算，旨在对中国煤炭消费总量控制政策的协同效应进行定量化评估。

10.1　中国煤炭消费总量控制背景

中国开展煤炭消费总量控制有内、外两种因素，内因是自身的能源利用结构优化升级和区域大气污染控制需要，外因是顺应国际能源消费变化趋势和应对全球气候变化。

10.1.1　煤炭消费为空气污染的主因之一，并引发其他污染

煤炭消费对空气质量、水资源、地质等各种自然资源造成巨大破坏，尤以大气最重（表 10-1）。大气常规污染物与 CO_2 排放同根同源，且大气污染物排放企业与 CO_2 重点排放企业大部分相覆盖（全国范围内：SO_2 排放的 90%，NO_x 排放的 67%，CO_2 排放的 85%，人为源大气汞排放的 40% 都来自燃煤）。总量控制要与协同控制相关联，煤炭燃烧会产生 NO_x、SO_x、水银、汞、烟（粉）尘和

CO_2 等污染物及温室气体。2012 年主要污染物排放量中，SO_2 达 2 118 万 t，NO_x 达 2 338 万 t，烟（粉）尘 1 226 万 t；2013 年中国 SO_2、NO_x、烟（粉）尘三项污染物年排放量分别约 2 044 万 t、2 227 万 t 和 1 500 万 t，均居世界第 1 位，而这三者分别有 90%、70% 和 80% 集中在电力、热力生产供应业，燃煤锅炉、非金属矿物制品业和黑色金属冶炼业等重点煤炭消费行业。严控能源消费总量、煤炭减量或等量替代是"十三五"烟（粉）尘控制、NO_x 等污染气体削减、CO_2 等温室气体减排实施的必要保障[①]。

表 10-1　2012 年重点行业单位煤炭消费污染物排放强度　　　　单位：kg/t

	二氧化硫	氮氧化物	烟（粉）尘
电力、热力生产供应业	3.95	5.05	1.11
黑色金属冶炼业	7.86	3.18	5.92
水泥熟料生产业	1.48	8.83	2.99
焦化业	1.07	0.44	1.19
燃煤锅炉、非金属矿物制品业	11.05	4.00	4.05

数据来源：引自清华大学滕飞《煤炭的真实成本》。

　　燃煤量与空气质量在中国具有高度的空间相关性。近年来，以雾霾为代表的区域性复合大气环境问题频现于京津冀、长三角、珠三角三大地区及辽宁中部城市群、山东半岛、武汉及其周边、长株潭、成渝、海峡西岸、陕西关中、山西中北部、甘宁和乌鲁木齐城市群，而这"三区十群"是典型的高耗能地区，已被列为环境保护部大气污染重点防控区域，其中我国中部、北部地区煤炭依赖度高，水资源缺乏，具体内容见表 10-2 和图 10-1。

[①] 全国发展和改革工作会议. 中国环境报，2014-12-18.

表 10-2　2012 年全国各地区单位面积电煤消费量　　　　　单位：万 t/万 km²

上 海	天 津	江 苏	浙 江	山 东	北 京	广 东	山 西
6 860.0	2 536.7	1 752.7	1 064.1	966.9	825.4	778.8	751.1
河 南	宁 夏	安 徽	河 北	福 建	辽 宁	贵 州	陕 西
710.6	704.7	578.7	572.5	451.6	430.6	285.4	268.6
海 南	重 庆	湖 北	江 西	湖 南	吉 林	广 西	内蒙古
258.0	201.8	196.4	178.7	171.7	149.0	130.8	115.7
黑龙江	甘 肃	云 南	四 川	新 疆	青 海	西 藏	全国平均
82.3	77.4	60.0	59.7	27.7	7.8	0.2	194.3

注：作者整理。

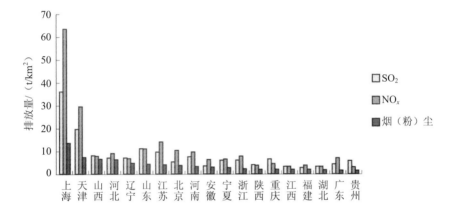

图 10-1　重点地区单位面积污染物排放量

10.1.2　煤炭消费是中国温室气体排放主要源头之一

煤炭燃烧是 CO_2 最主要的来源之一。根据中国相关研究结论[1]，CO_2 在温室气体排放总量中占比 80.02%。能源活动和工业生产过程是中国 CO_2 排放的主要来源。2005 年中国 CO_2 排放量为 59.76 亿 t[2]，其中能源活动排放量为 54.04 亿 t，占 90.4%，工业生产过程排放量为 5.69 亿 t，占比 9.5%，矿物成因固体废物焚烧排

---

[1] 煤炭使用对中国大气污染的贡献，《中国煤炭消费总量控制方案和政策研究项目》课题组，2014.

[2] 土地利用变化与林业活动吸收 CO_2 4.22 亿 t，2005 年中国 CO_2 净排放量为 55.54 亿 t.

放量为 265.8 万 t，份额微小；而中国的一次能源供给恰是以燃煤为主。根据国际能源署（IEA）对全球和中国能源活动 CO_2 排放相关资料的分析[①]，中国煤炭、石油、天然气消费产生的 CO_2 排放在整个能源活动 CO_2 排放中占比大约为 80%、15% 和 1%～3%。其中，燃煤贡献长期稳定在 80%左右，2011 年达到 83%；天然气 CO_2 排放占比呈现一定的上升趋势，从 2000 年前后的 1%上升至 2011 年的 3%。全球煤炭消费 CO_2 排放在能源活动 CO_2 排放中占比长期稳定在 40%左右，远低于中国 80%左右的水平。

10.1.3　中国能源消费以煤为主

中国 2012 年煤炭消费占能源消费总量的 66.6%，远高于同年全世界能源消费结构中的煤炭占比（煤炭占 29.9%、石油占 33.1%、天然气占 23.9%、核电占 4.5%、其余可再生能源占 8.6%）；而发达国家煤炭份额更低，只占到 25%左右[②]。中国能源消耗总量由 2001 年的 15.0 亿 t 标准煤增长至 2011 年的 34.8 亿 t 标准煤，年平均增长率达 13.2%，且每年煤炭的消费占比均为 70%左右（表 10-3）。

表 10-3　中国历年能源消耗总量及构成

年份	能源消耗总量/亿 t 标准煤	占能源消费总量的比重/%			
		煤　炭	石　油	天然气	水电、核电、风电
1978	5.71	70.7	22.7	3.2	3.4
1980	6.03	72.2	20.7	3.1	4.0
1985	7.67	75.8	17.1	2.2	4.9
1990	9.87	76.2	16.6	2.1	5.1
1991	10.38	76.1	17.1	2.0	4.8
1992	10.92	75.7	17.5	1.9	4.9
1993	11.60	74.7	18.2	1.9	5.2
1994	12.27	75.0	17.4	1.9	5.7
1995	13.12	74.6	17.5	1.8	6.1
1996	13.52	73.5	18.7	1.8	6.0

① IEA，2013 CO_2 emissions from fuel combustion.

② BP 中国，BP 世界能源统计年鉴[M]. 2013.

年份	能源消耗总量/ 亿 t 标准煤	占能源消费总量的比重/%			
		煤 炭	石 油	天然气	水电、核电、风电
1997	13.59	71.4	20.4	1.8	6.4
1998	13.62	70.9	20.8	1.8	6.5
1999	14.06	70.6	21.5	2.0	5.9
2000	14.55	69.2	22.2	2.2	6.4
2001	15.04	68.3	21.8	2.4	7.5
2002	15.94	68.0	22.3	2.4	7.3
2003	18.38	69.8	21.2	2.5	6.5
2004	21.35	69.5	21.3	2.5	6.7
2005	23.60	70.8	19.8	2.6	6.8
2006	25.87	71.1	19.3	2.9	6.7
2007	28.05	71.1	18.8	3.3	6.8
2008	29.14	70.3	18.3	3.7	7.7
2009	30.66	70.4	17.9	3.9	7.8
2010	32.49	68.0	19.0	4.4	8.6
2011	34.80	68.4	18.6	5.0	8.0
2012	36.17	66.6	18.8	5.2	9.4
2013	37.50	66.6	18.7	5.6	9.1

数据来源：中国统计年鉴——能源消费总量及构成. 中华人民共和国统计局.

中国煤炭消费总量大，并且已经成为净进口国：2012 年，中国煤炭消费量为 24.09 亿 t 标准煤，占国内能源消费总量的 66.6%，居全球首位，并且耗煤量首次超过全球一半；2013 年，中国煤炭消费量为 25 亿 t 标准煤，依然占到国内能源消费总量的 66.6%。2009 年以来，中国煤炭进口首次超越煤炭出口，已成为净进口国家（图 10-2）。

中国煤炭消费结构复杂：2011 年，电力用煤居首位，占全部煤炭消费总量的 54.9%，大量煤炭消费集中于污染控制水平低下的工业锅炉、炼焦炉、建材窑炉和居民生活领域，钢铁、建材、化工分别占全年煤炭总消费量的 16.2%、14.3% 和 4.5%；2012 年，电力用煤占全国煤炭消费总量的 51%，工业锅炉、煤化工（炼焦等）以及建材窑炉等分别占全国煤炭消费总量的 21%、15% 和 7%。此外，中小城镇和农村，居民生活燃煤仍比较普遍。

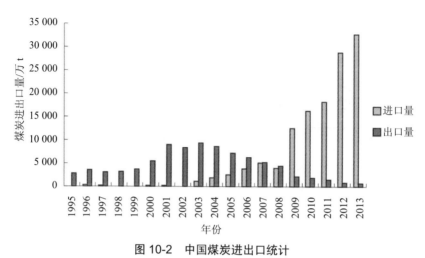

图 10-2　中国煤炭进出口统计

注：1995—2011 年数据来自国家统计局统计年鉴；2012 年、2013 年数据来自海关统计。

实践证明，除了继续实施能源强度和能源总量控制外，必须制定和实施全国煤炭消费总量控制方案[①]。当前，东部沿海的许多省市提出了煤炭消费总量的控制目标，例如，北京、天津、河北、山东以及长三角、珠三角都已经开始制定煤炭总量控制方案。在应对空气污染中，《大气污染防治行动计划》（简称"大气十条"）提出"京津冀等地区通过逐步提高接受外输电比例、增加天然气供应、增加非化石能源利用强度等措施替代燃煤"。西部地区的陕西省要求 2017 年后煤炭年消费总量不超过 1.35 亿 t。

10.2　中国煤炭消费总量控制政策及措施

节约能源资源、保护环境是中国的一项长期基本国策。中国"十二五"规划明确提出要对国内能源消费总量进行合理控制（表 10-4）。2011 年 12 月 15 日（"十二五"第一年）国务院颁发《国家环境保护"十二五"规划》，提出在大气污染联防联控重点区域开展煤炭消费总量控制试点。2012 年 3 月 22 日，国家能源局《煤

---

① 陈丹，林明彻，杨富强，等. 制定和实施全国煤炭消费总量控制方案[J]. 中国能源，2014，36（4）：20-24.

炭工业发展"十二五"规划》提出 2015 年煤炭产量控制目标 39 亿 t。2013 年 9 月"大气十条"明确提出要求，制定国家煤炭消费总量中长期控制目标，实行目标责任管理，到 2017 年煤炭占能源消费总量比重降低到 65%以下，京津冀、长三角、珠三角等区域力争实现煤炭消费总量负增长，通过逐步提高接受外输电比例、增加天然气供应、加大非化石能源利用强度等措施替代燃煤。《京津冀及周边地区落实大气污染防治行动计划实施细则》则提出了区域范围内的落实计划方针，北京市、天津市、河北省和山东省压减煤炭消费总量 8 300 万 t，其中北京市净削减原煤 1 300 万 t，天津市净削减原煤 1 000 万 t，河北省净削减原煤 4 000 万 t，山东省净削减原煤 2 000 万 t。2011—2013 年煤炭消费总量虽依然逐年缓慢增长，但在年内能源消费总量的占比已经逐年降低，由 2011 年的 68.4%降低到 2012 年、2013 年的 66.6%。2014 年前三季度，在经济仍保持 7%以上增幅的情况下，煤炭消费总量下降了 1%～2%，这是煤炭消费量绝对值首次出现下降，与此同时，天然气、水电、核能、风能的能耗总量占比逐年增加，全国万元国内生产总值能耗下降 3.7%。

表 10-4   煤炭消费总量控制主要相关内容及要求

政策	时间	煤炭消费总量控制主要相关内容及要求
"十二五"规划	2011 年 9 月	"十二五"期间实现节约能源 6.7 亿 t 标准煤，2015 年全国 SO_2 和 NO_x 的排放总量分别控制在 2 086.4 万 t 和 2 046.2 万 t；2015 年非化石能源占一次能源消费比例达到 11.4%
《国家环境保护"十二五"规划》	2011 年 12 月	SO_2 和 NO_x 在 2015 年分别较 2010 年下降 8%和 10%的指标
《环境空气质量标准》	2012 年 2 月	调整了环境空气功能区分类，将三类区并入二类区；增设了颗粒物（粒径≤2.5 μm）浓度限值和臭氧 8 h 平均浓度限值
《煤炭工业发展"十二五"规划》	2012 年 3 月	2015 年煤炭产量控制目标 39 亿 t；全国煤炭开发总体布局是控制东部、稳定中部、发展西部；推进煤矿企业兼并重组，有序建设大型煤炭基地，大力发展洁净煤技术，促进资源高效清洁利用，推进瓦斯抽采利用，促进煤层气产业化发展
《国家应对气候变化规划（2014—2020 年）》	2014 年 9 月	到 2020 年，单位国内生产总值 CO_2 排放比 2005 年下降 40%～45%，非化石能源占一次能源消费的比重达到 15%左右

政策	时间	煤炭消费总量控制主要相关内容及要求
《能源发展战略行动计划（2014—2020年）》	2014年11月	明确了2020年中国能源发展的总体目标、战略方针和重点任务，部署推动能源创新发展、安全发展、科学发展。要以开源、节流、减排为重点，确保能源安全供应，转变能源发展方式，调整优化能源结构，创新能源体制机制，着力提高能源效率，严格控制能源消费过快增长，着力发展清洁能源，推进能源绿色发展，着力推动科技进步，切实提高能源产业核心竞争力，打造中国能源升级版，要坚持"节约、清洁、安全"的战略方针，加快构建清洁、高效、安全、可持续的现代能源体系； 重点实施节能优先、立足国内、绿色低碳、纯新驱动四大战略； 到2020年，一次能源消费总量控制在48亿t标准煤左右，煤炭消费总量控制在42亿t左右；基本形成比较完善的能源安全保障体系。国内一次能源生产总量达到42亿t标准煤，能源自给能力保持85%左右，石油储采比提高到14~15，能源储备应急体系基本建成；非化石能源占一次能源消费比重达到15%，天然气比重达到10%以上，煤炭消费比重控制在62%以内；基本形成统一开放、竞争有序的现代能源市场体系
《中美气候变化联合声明》	2014年11月12日	中国计划2030年左右 CO_2 排放达到峰值且将努力早日达峰，并计划到2030年非化石能源占一次能源消费比重提高到20%左右
"十三五"规划	2016年3月	到2020年，中国能源消费总量控制在50亿t标准煤以内，CO_2 排放量下降18%。大力推进煤炭清洁高效利用。限制东部，控制中部和东北地区，优化西部地区煤炭资源开发，推进大型煤炭基地绿色化开采和改造，鼓励采用新技术发展煤电。实施煤电节能减排升级与改造行动计划，提高煤炭用于发电消费的比重
《2016年能源工作指导意见》	2016年3月	2016年，能源消费总量43.4亿t标准煤左右，非化石能源消费比重提高到13%左右，天然气消费比重提高到6.3%左右，煤炭消费比重下降到63%以下； 2016年，能源生产总量36亿t标准煤左右，煤炭产量36.5亿t左右，原油产量2亿t左右，天然气产量1440亿 m^3 左右； 2016年，单位国内生产总值能耗同比下降3.4%以上，燃煤电厂每千瓦时供电煤耗314g标准煤，同比减少1g； 化解煤炭行业过剩产能。严格控制新增产能，从2016年起，3年内原则上停止审批新建煤矿项目、新增产能的技术改造项目和产能核增项目，确需新建煤矿的，一律实行减量置换。加快淘汰落后产能，继续淘汰9万t/a及以下煤矿，支持有条件的地区淘汰30万t/a以下煤矿，逐步淘汰其他落后煤矿，全年力争关闭落后煤矿1000处以上，合计产能6000万t。严格煤矿基本建设程序，严禁未批先建。严控现有产能产量，严禁超能力生产。鼓励煤电化、煤电铝一体化发展，支持企业兼并重组。完善煤矿关闭退出机制，研究设立相关专项基金

政策	时间	煤炭消费总量控制主要相关内容及要求
《2016 年能源工作指导意见》	2016 年 3 月	控制煤电产能规模。合理引导投资建设预期，研究建立煤电建设风险预警机制，定期发布分省煤电规划建设风险预警提示。严控煤电新增规模，在大气污染防治重点地区和电力装机明显冗余地区，原则上不再安排新增煤电规划建设规模，取消、缓核和缓建一批已纳入规划或核准（在建）煤电项目。加大淘汰落后机组力度。严厉查处违规建设行为

10.3 中国煤炭消费总量控制政策的协同效应评估

基于多源统计数据汇总比对，2012 年能源消费统计数据为准确度相对较高的最新数据源，选定为计算的统计起始年份；以《能源发展战略行动计划（2014—2020 年）》所提出的 2020 年各类能源发展目标为计算参照，通过与 1990 年起的历史统计数据做回归分析，经过调参计算出 2012—2020 年各年份能源发展情况。

依据 2012 年煤炭消费量和所贡献的污染气体及温室气体排放量总结归纳出 2012 年燃煤与主要大气污染物排放关系，具体见表 10-5。

表 10-5 2012 年燃煤与主要大气污染物排放关系

	煤炭消耗量	SO_2	NO_x	CO_2	烟（粉）尘
燃煤量/万 t 标准煤	245 000				
排放量/万 t		2 118	2 338	880 000	1 226
燃煤贡献率/%		90	67	85	
燃煤贡献量/万 t		1 906	1 566	750 000	
燃煤对应污染排放量/（kg/t）		7.78	6.39	3 061	57

以 2012 年的燃煤及污染物排放情况作为参照，到 2020 年，一次能源消费总量控制在 48 亿 t 标准煤左右，煤炭消费总量控制在 42 亿 t 左右，非化石能源占一次能源消费比重达到 15%，天然气比重达到 10% 以上，煤炭消费比重控制在 62% 以内。以表 10-3（中国历年能源消耗总量及构成）中 1990 年统计数据为起点，至

2020 年的能源消耗目标为统计区间，中国能源消耗总量及煤炭消费占比均呈现出较好的线性趋势（图 10-3）。通过预测发现，2020 年能源消费总量十分接近 50 亿 t 标准煤，而通常所谓的能源消费总量包括原煤和原油及其制品、天然气、电力，不包括低热值燃料、生物质能和太阳能等的利用，因此为确保实现"十三五"到 2020 年期间能源消费总量控制在 50 亿 t 标准煤以内的目标，要着重在"十三五"期间进行新能源的开发和利用。

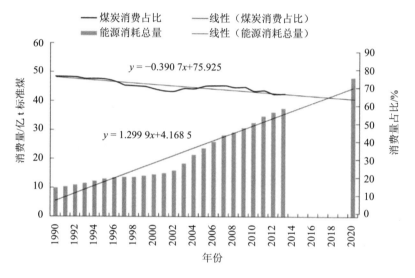

图 10-3　能源消费及煤炭消费总量预测

　　若以各类能源均衡发展为测算基准，即以各类能源占比保持不变为假设，由此可估算，至 2020 年，煤炭消费替代量应呈逐年增多的趋势。以 2012 年为计算起点，则以 2020 年的 48 亿 t 为统计区间，能源消耗增长约为 1.475 亿 t/a，煤炭消费占比增速为−0.575%/a，计算所得每年煤炭相对削减量见表 10-6，到 2020 年煤炭相对削减量应达到 2.2 亿 t 标准煤。

　　当然，2014 年因为经济及能源市场的不景气，煤炭市场受到重挫，2014 年煤炭消费总量低于 2013 年，但这并不代表煤炭消费峰值就已经出现，经济发展的刚需还在，能源结构调整也非一日之功，煤炭依然是中国最主要的能源。煤炭总量控制，只是在煤炭消费绝对量增长的基础上尽可能地降低增长速度，降低煤炭在总能源消耗中的占比，并积极推动天然气以及非化石能源对煤炭的替代。

表 10-6　煤炭相对削减量计算

年份	能源消耗总量/亿 t 标准煤	煤炭占比/%	煤炭消耗量/亿 t 标准煤	煤炭相对削减量/亿 t 标准煤
2012	36.170	66.600	24.09	0
2013	37.675	66.025	24.87	0.22
2014	39.150	65.450	25.62	0.45
2015	40.625	64.875	26.36	0.70
2016	42.100	64.300	27.07	0.97
2017	43.575	63.725	27.77	1.25
2018	45.050	63.150	28.45	1.55
2019	46.525	62.575	29.11	1.87
2020	48	62	29.76	2.20

根据多方统计数据，我们估算出煤炭燃烧的主要污染物平均排放量，具体见表 10-7。

表 10-7　燃煤对应污染排放量　　　　　　　　　　　　　　单位：kg/t

SO_2	NO_x	CO_2	烟（粉）尘
7.78	6.39	3 061	57

对照前述煤炭燃烧污染排放量核算数据，则可换算出至 2020 年煤炭占比逐年下降（相对削减）所带来的污染减排量阈值。经计算，至 2020 年，煤炭相对削减可带来 SO_2 减排 717.69 万 t，NO_x 减排 598.39 万 t，温室气体减排 28.23 亿 t CO_2，以及烟（粉）尘减排 5 257.44 万 t，具体见表 10-8。

表 10-8 仅估算了煤炭相对削减单方的环境效应，实际还要考虑石油与天然气的变化，即煤炭相对削减量由谁来补充，以及石油相对削减量由谁来补充。到 2020 年，石油消费量的占比将由 2012 年的 18.8%下降到 13%，天然气则由 2012 年的

5.2%上升到 10%,非化石能源则由 2012 年的 9.4%上升到 15%。也就是说,煤炭被替代的部分将由天然气和非化石能源承担,在消费天然气和非化石能源的过程中,也将产生一定量的污染物排放,实际因煤炭消费总量控制所带来的污染减排效应应低于上述表格数据。但是,天然气作为一种清洁能源,能减少 SO_2 和粉尘排放量近 100%,减少 CO_2 排放量 60%和 NO_x 排放量 50%;水电、核电、风电等非化石能源则也可近似地认为不产生大气污染,即减少各类大气污染排放量 100%。

表 10-8 煤炭相对削减的减排效应估算(最大值)

年份	煤炭相对削减量/亿 t 标准煤	SO_2/万 t	NO_x/万 t	CO_2/亿 t	烟(粉)尘/万 t
2012	—				
2013	0.22	16.85	13.84	0.66	123.48
2014	0.45	35.03	28.77	1.38	256.63
2015	0.70	54.52	44.78	2.15	399.45
2016	0.97	75.33	61.87	2.96	551.93
2017	1.25	97.47	80.05	3.83	714.09
2018	1.55	120.92	99.32	4.76	885.91
2019	1.87	145.70	119.66	5.73	1 067.40
2020	2.21	171.78	141.09	6.76	1 258.56
共计	9.22	717.59	589.39	28.23	5 257.44

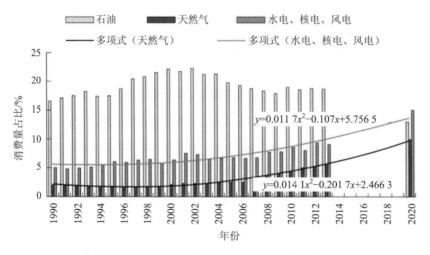

图 10-4 石油、天然气及非化石能源消费总量预测

非化石能源增速与天然气增速，在近 10 年来基本符合二次增长的趋势，且二次曲线拟合较为符合 2020 年发展目标。经过曲线调参之后可估算出天然气 2012—2020 年的占比变化，具体见表 10-9。

表 10-9　天然气消耗相对增加量计算

年份	能源消耗总量/ 亿 t 标准煤	天然气占比/%	天然气相对增加量/ 亿 t 标准煤
2012	36.170	5.20	0
2013	37.675	5.75	0.21
2014	39.150	6.31	0.43
2015	40.625	6.88	0.68
2016	42.100	7.46	0.95
2017	43.575	8.06	1.25
2018	45.050	8.68	1.57
2019	46.525	9.33	1.92
2020	48	10	2.30

通过煤炭相对削减量与天然气相对增加量的对比可知，天然气相对增加量几乎正好可以弥补煤炭相对削减量，2018 年可能是个分界线，前期可能略有差额，后期则可完全弥补，具体见表 10-10。

表 10-10　煤炭相对削减量与天然气相对增加量比对　　　　单位：亿 t 标准煤

年份	煤炭相对削减量	天然气相对增加量
2012	0	0
2013	0.22	0.21
2014	0.45	0.43
2015	0.70	0.68
2016	0.97	0.95
2017	1.25	1.25
2018	1.55	1.57
2019	1.87	1.92
2020	2.20	2.30

天然气作为一种清洁能源，能减少 SO_2 和烟（粉）尘排放量近 100%（每万立方米天然气燃烧产生 SO_2 约为 1.0 kg，即 10 mg/m³；每万立方米天然气燃烧产生烟（粉）尘约为 2.4 kg，即 24 mg/m³），减少 CO_2 排放量和氮氧化合物排放量（每万立方米天然气燃烧产生 NO_2 约为 6.3 kg，即 63 mg/m³）[1]，按照 12.143 t 标准煤/万 m³ 天然气换算，若煤炭相对削减量尽最大可能被天然气弥补，则这一部分可产生污染气体及 CO_2[2]具体见表 10-11。

表 10-11 基于天然气最大限度替代煤炭情景下的替代部分天然气排污量计算

年份	天然气最大替代量/亿 t 标准煤	天然气量/万 m³	SO_2/万 t	NO_x/万 t	CO_2/亿 t	烟（粉）尘/万 t
2012	0	—	—	—	—	—
2013	0.21	1 729 391	0.17	1.09	0.45	0.42
2014	0.43	3 541 135	0.35	2.23	0.94	0.85
2015	0.68	5 599 934	0.56	3.53	1.46	1.34
2016	0.95	7 823 437	0.78	4.93	2.02	1.88
2017	1.25	10 293 997	1.03	6.49	2.62	2.47
2018	1.57	12 929 257	1.29	8.15	3.29	3.10
2019	1.92	15 811 575	1.58	9.96	4.08	3.79
2020	2.30	18 940 949	1.89	11.93	4.88	4.55

计算所得差值即为天然气最大限度替代煤炭增长（补偿煤炭相对削减量）情境下所带来的环境效应，即在 2013—2020 年，SO_2 削减量从 16.7 万 t 增加到 169.97 万 t，NO_x 削减量则从 12.8 万 t 增加至 130 万 t，温室气体减排量从 2 100 万 t CO_2 增加至 2.15 亿 t CO_2，烟（粉）尘减排量则从 123 万 t 增加至 1 254 万 t，具体见表 10-12。

---

[1] 李先瑞，韩有朋，赵振农，等. 煤、天然气燃烧的污染物产生系数. 排污申报登记实用手册[M]. 2004：231.
[2] 排污系数法计算。

表 10-12　基于天然气最大限度替代煤炭情景下的排污削减量

年份	最大替代量/ 亿 t 标准煤	天然气量/ 万 m³	SO_2/ 万 t	NO_x/ 万 t	CO_2/ 亿 t	烟（粉）尘/ 万 t
2013	0.21	1 729 391	16.68	12.75	0.21	123.06
2014	0.43	3 541 135	34.68	26.54	0.44	255.78
2015	0.68	5 599 934	53.96	41.25	0.69	398.11
2016	0.95	7 823 437	74.55	56.94	0.94	550.05
2017	1.25	10 293 997	96.44	73.56	1.21	711.62
2018	1.57	12 929 257	119.63	91.17	1.47	882.81
2019	1.92	15 811 575	144.12	109.70	1.65	1 063.61
2020	2.30	18 940 949	169.89	129.16	1.88	1 254.01

　　基于天然气最大限度替代煤炭情景下的排污削减量核算结果，估算该情景下温室气体减排与 SO_2 减排的协同效应系数为 110 以上，与 NO_x 减排的协同效应系数为 145 以上，与烟（粉）尘减排的协同效应系数约为 15 以上，具体见表 10-13。

表 10-13　基于天然气最大限度替代煤炭情景下的协同效应系数

年份	天然气最大替代量/ 亿 t 标准煤	CO_2/SO_2	CO_2/NO_x	CO_2/烟（粉）尘
2013	0.21	125.90	164.71	17.06
2014	0.43	126.87	165.79	17.20
2015	0.68	127.87	167.27	17.33
2016	0.95	126.09	165.09	17.09
2017	1.25	125.47	164.49	17.00
2018	1.57	122.88	161.23	16.65
2019	1.92	114.49	150.41	15.51
2020	2.30	110.66	145.56	14.99

　　经过曲线调参估算，非化石能源（水电+核电+风电）在 2012—2020 年的占比逐年增加，从 2012 年的 9.4% 逐步增加到 2020 年的 15%，非化石能源消费相对增加量也由 2012 年的 0 增加到 2020 年的 2.69 亿 t 标准煤，具体见表 10-14。

表 10-14　非化石能源相对增加量计算

年份	能源消耗总量/亿 t 标准煤	非化石能源占比/%	非化石能源相对增加量/亿 t 标准煤
2012	36.170	9.40	0
2013	37.675	10	0.23
2014	39.150	10.64	0.49
2015	40.625	11.31	0.78
2016	42.100	12.01	1.10
2017	43.575	12.72	1.45
2018	45.050	13.44	1.82
2019	46.525	14.20	2.23
2020	48	15	2.69

　　通过能源消费煤炭相对削减量与非化石能源相对增加量的对比可知，非化石能源相对增加量足以弥补煤炭相对削减量，即每年非化石能源相对增加量都大于煤炭相对削减量，具体见表 10-15。

表 10-15　煤炭相对削减量与非化石能源相对增加量比对　　　　单位：亿 t 标准煤

年份	煤炭相对削减量	非化石能源相对增加量
2012	0	—
2013	0.216 631 25	0.23
2014	0.450 225	0.49
2015	0.700 781 25	0.78
2016	0.968 3	1.10
2017	1.252 781 25	1.45
2018	1.554 225	1.82
2019	1.872 631 25	2.23
2020	2.208	2.69

　　依据煤炭相对削减量与非化石能源相对增加量比对结果，若煤炭相对削减量都由非化石能源替代，则可最大限度地实现污染气体的减排，即接近表 10-8 的统计值。但在实际的发展中，非化石能源还要替代大量的石油能源，煤炭相对削减

的部分则由天然气与非化石能源共同承担，以此统计则大气污染物削减量将小于表 10-8 的统计值。但不论替代煤炭还是石油，其环境效应都将是明显的。根据表 10-8 计算协同效应系数发现，温室气体与 SO_2 减排协同效应系数在 391.7～394.4，平均为 393.3；温室气体与 NO_x 减排协同效应系数在 476.9～480.1，平均为 478.9；温室气体与烟（粉）尘减排协同效应系数在 53.5～53.8，平均为 53.7，具体见表 10-16。

表 10-16　基于非化石能源最大限度替代煤炭情景下的协同效应系数

年份	最大替代量/ 亿 t 标准煤	CO_2/SO_2	CO_2/NO_x	$CO_2/$烟（粉）尘
2012	0	391.69	476.88	53.45
2013	0.21	393.95	479.67	53.77
2014	0.43	394.35	480.13	53.82
2015	0.68	392.94	478.42	53.63
2016	0.95	392.94	478.45	53.63
2017	1.25	393.65	479.26	53.73
2018	1.55	393.27	478.86	53.68
2019	1.87	393.53	479.13	53.71
2020	2.20	393.40	478.97	53.70

10.4　中国煤炭消费总量控制政策的协同效应评估结论

经估算，按照目前的天然气和非化石能源增长速率，煤炭消费总量控制不会造成能源供给总量不足。

采用天然气替代煤炭能源消耗（补偿煤炭相对削减量），2013—2020 年，SO_2 削减量从 16.7 万 t 增加到 170 万 t，NO_x 削减量则从 12.8 万 t 增加至 130 万 t，温室气体减排量从 2 100 万 t CO_2 增加至 1.88 亿 t CO_2，烟（粉）尘减排量则从 123 万 t 增加至 1 254 万 t；8 年间可最大替代 9.14 亿 t 煤炭（标准煤），共计削减 SO_2 710 万 t，削减 NO_x 542 万 t，削减温室气体 8.97 亿 t，削减烟（粉）尘 5 239 万 t。采用天然气最大限度替代燃煤，温室气体减排与 SO_2 减排的协同效应系数平均在 122.53，与 NO_x 减排的协同效应系数平均在 160.57，与烟（粉）尘减排的协同效应系数平均在 16.6。天然气替代煤炭的环境协同效应非常显著。

采用非化石能源替代煤炭能源消耗（补偿煤炭相对削减量），2013—2020 年，SO_2 削减量从 16.9 万 t 增加到 171.8 万 t，NO_x 削减量从 13.8 万 t 增加到 141 万 t，温室气体削减量从 6 600 万 t CO_2 增加到 6.76 亿 t CO_2，烟（粉）尘减排量则从 123.5 万 t 增加至 1 258.6 万 t；8 年间可最大限度替代燃煤 9.22 亿 t（标准煤），共计削减 SO_2 717.6 万 t，削减 NO_x 589.4 万 t，削减温室气体 28.23 亿 t CO_2，削减烟（粉）尘 5 257 万 t。采用非化石能源替代燃煤，温室气体减排与 SO_2 减排的协同效应系数平均在 393.3，与 NO_x 减排的协同效应系数平均在 478.9，与烟（粉）尘减排的协同效应系数平均在 53.7。非化石能源替代煤炭的环境协同效应非常显著，而且远高于天然气替代煤炭的环境协同效应。

11

协同效应评价结果分析与政策建议——从协同效应走向协同控制

11.1 结果分析

11.1.1 示范城市案例分析

11.1.1.1 示范城市"十一五"案例分析

从四川省攀枝花市和湖南省湘潭市两个示范案例"十一五"期间总量减排措施对减缓全球温室气体排放的协同效应评价结果来看,"十一五"期间 SO_2 总量减排措施总的协同效应系数都为正值,而且非常接近,分别为 37.7 和 36.4,具体分析如下:

(1)从行业来看,由于两市支柱产业不同,所采取总量减排措施的对象也不同,各行业 SO_2 减排量不同。攀枝花市是以钢铁为支柱产业的城市,其 SO_2 减排量主要来自钢铁行业;湘潭市支柱产业为电力、钢铁等, SO_2 减排量主要来自电力行业。

(2)从减排措施来看,由于所选案例城市分析不涉及管理减排,结构减排与工程减排相比,结构减排协同效应系数要远远大于工程减排的协同效应系数,结构减排措施的协同效应系数一般都为正值,而工程减排的协同效应系数可能为正值也可能为负值。攀枝花市结构减排的协同效应系数为 174.6,工程减排的协同效应系数为-0.05；湘潭市结构减排的协同效应系数为 121.9，工程减排的协同效应系数为 14.9。但是，从 SO_2 减排量来看，通过结构减排的 SO_2 减排量要远远小于工程减排的 SO_2 减排量，两市通过结构减排措施减少的 SO_2 排放量总计为 23 963 t，其中攀枝花市 12 061 t，湘潭市 11 902 t；通过工程减排措施减少的 SO_2 排放量总计为 90 895 t，其中攀枝花市 43 780 t，湘潭市 47 115 t。通过结构减排措施减少的 SO_2 排放量约是通过工程减排措施减少的 SO_2 减排量的 1/4。而从 CO_2 的减排量来看，两市通过结构减排措施减少的 CO_2 排放量要远远大于工程减排措施减少的 CO_2 排放量，分别为 3 556 800 t 和 698 954 t，通过结构减排措施减少的 SO_2 排放量约是通过工程减排措施减少的 SO_2 减排量的 5 倍。

综上所述，虽然两市支柱产业不同，但 SO_2 减排量主要来自工程减排，CO_2 减排量主要来自结构减排，而以城市为单位核算协同效应系数，两市十分接近。

11.1.1.2 示范城市"十一五"与"十二五"对比

SO_2 减排："十二五"期间，湘潭市 SO_2 总量减排措施对减缓全球温室气体排放的协同效应相对于"十一五"期间而言，总体有所减小，由 36.5 下降至 2.53。

（1）从行业来看，"十二五"期间，水泥行业仍然是协同效应系数最大的行业，为 969.45，相比于"十一五"期间的 181.3 有大幅提升；其次为钢铁行业，为 122.5，相比于"十一五"期间的 68.0 有显著提升；第 3 位依然是化工行业，但协同效应系数由 49.1 下降为 8.5；第 4 位的电力行业的协同系数则由 13.2 降为负数，为-0.69。从各行业的污染物减排量来看，"十二五"期间 SO_2 总量减排目标贡献最大的仍然是电力行业，产生了 72 146 t 的减排量，约占 SO_2 减排总量的 97%，但其 CO_2 减排量为负。

（2）从减排措施来看，工程减排 SO_2 的协同效应大大降低，协同效应系数从 14.9 降为-0.70；结构减排的协同效应大大增加，协同效应系数由 121.9 增加到 245.2。从 SO_2 减排量来看，总体由 59 017 t 增加至 74 698 t，增幅 26.5%，其中工程减排量由 47 115 t 增加至 73 723 t，结构减排量由 11 902 t 减少至 975 t，工程减排量与结构减排量比例由 4∶1 发展为 75∶1。从 CO_2 减排量来看，总体由

2 151 790 t 减少至 189 297 t，降幅为 91.2%，其中工程减排措施减少的 CO_2 排放量由 701 028 t 下降到−49 774 t，结构减排措施减少的 CO_2 排放量由 1 450 762 t 降低到 239 071 t，结构减排依然可以削减 CO_2 排放量，但工程措施已然总体导致 CO_2 排放量增加。

综上所述，虽然湘潭市"十二五"期间 SO_2 减排量超过"十一五"期间的减排量，且行业贡献排名没有显著变化，但因为更多的工程减排措施致使 CO_2 减排量骤降，所以协同效应系数产生巨大变化。

NO_x 减排："十二五"期间，湘潭市 NO_x 减排成效显著，总协同效应系数为 16.8。从各行业的协同效应系数来看，水泥行业是 NO_x 协同效应系数最大的行业，为 363.2，电力行业最低，为 3.0。虽然从各行业的 NO_x 减排量来看，电力行业居于首位，占 NO_x 减排总量的 95%以上，但是，电力行业对温室气体（主要是 CO_2）减排的贡献率仅仅占到 9.5%，因此其行业协同效应系数偏低。

SO_2 减排与 NO_x 减排对比：通过对比分析"十二五"期间湘潭市 SO_2 和 NO_x 减排评价结果发现，NO_x 总量减排措施对减缓全球温室气体排放的协同效应更加显著。

（1）从行业来看，SO_2 和 NO_x 减排协同效应系数排序相一致，且水泥行业是 SO_2 和 NO_x 减排协同系数最大的行业；电力行业对湘潭市实现"十二五"总量减排目标贡献最大，但其产生的温室气体减排协同效应却最不显著，SO_2 减排措施甚至导致 CO_2 排放量增加。水泥和钢铁行业的减排措施虽然带来的污染物减排量不够显著，但均能产生巨大的 CO_2 减排量。

（2）从减排措施来看，相比于 SO_2 总量减排措施，"十二五"期间 NO_x 总量减排主要源于结构减排措施，湘潭市"十二五"期间实施湘潭电厂四台 300～600 MW 机组等减排措施，削减 NO_x 1.7 万 t，同时，能够减排 CO_2 28.6 万 t，协同效应系数为 16.8。同期的 SO_2 总量减排措施以工程减排为主，可以削减 SO_2 7.5 万 t，同时削减 CO_2 17.8 万 t，协同效应系数为 2.4。

综上所述，因为"十二五"期间 NO_x 减排以结构减排为主，因此取得了优于 SO_2 减排的协同效应系数。

小结：从行业来看，水泥行业、钢铁行业是协同效应显著的行业。协同效应系数与行业本身属性、减排措施有直接关系。水泥行业为湘潭市"十一五""十二五"期间污染物总量减排协同效应系数最大的行业。钢铁行业的协同效应系数也较显著，位列第 2，其次是化工行业、电力行业，SO_2 和 NO_x 减排协同效应系数排序相一致。虽然水泥行业、钢铁行业不是"十一五""十二五"期间污染减排贡献最大的行业，但这两个行业均产生了巨大的温室气体减排协同效应，产生的 CO_2 协同减排量均占到 CO_2 总削减量的 30%以上，减排协同效应非常显著。湘潭市"十一五""十二五"期间 SO_2、NO_x 减排贡献最大的行业是电力行业，但其产生的温室气体减排协同效应均最不显著，SO_2 减排措施甚至导致 CO_2 排放量增加。

四川省攀枝花市和湖南省湘潭市都是资源型工业城市，但两者在内部产业结构方面又有较大区别，比如攀枝花市主要以钢铁产业为支柱产业，钢铁产业对其 GDP 的贡献率超过一半，钢铁产业 SO_2 等污染物排放的贡献率也超过一半，而湘潭市虽然国民生产总值、社会总产值和财政收入的 70%来自工业，但分布在钢铁、电力、装备、汽车等几个产业。从减排手段上来看，湘潭市"十一五"期间、"十二五"期间均十分重视结构减排和工程减排，但是减排措施项目数量和行业的选择存在差异。对于 SO_2 减排措施而言，湘潭市"十一五"期间经核定的结构减排措施为 10 项，工程减排措施为 8 项；"十二五"期间经核定的结构减排措施为 18 项，工程减排措施为 9 项。减排措施的行业分布如图 11-1 所示。

由图 11-1 可知，"十一五""十二五"期间减排措施数量和行业有较大差别。对于工程减排而言，"十一五"期间减排核算对象中包括钢铁行业余热余压发电（替代燃煤火电发电），此项措施能产生较大的正协同效应，但核算的"十二五"期间钢铁行业工程减排措施只包括烟气脱硫措施，属于末端治理，且协同效应为负。减排措施数量和种类的变化，使得湘潭市"十一五""十二五"期间的协同效应评价结果存在某些不一致、不可比的特点。

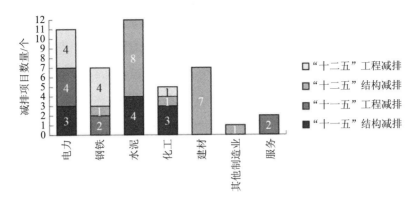

图 11-1 "十一五""十二五"期间 SO_2 减排主要行业与减排项目数量

11.1.2 水泥窑协同处置污泥案例分析

水泥窑协同处置污泥是一项协同效应显著的技术应用，可同时实现温室气体与 NO_x、SO_2 减排的协同效应，且减排量显著。

开展水泥窑协同处置污泥的 NO_x 减排量可达到 346.8 t/a，SO_2 生成量可削减 72～144 t/a，同时可实现 2.72 万 t 温室气体（换算为 CO_2）减排[①]，温室气体与 NO_x 减排的协同效应系数达到 78.5，温室气体与 SO_2 减排的协同效应系数达到 190～379，远远大于燃煤电厂、水泥厂等通过末端治理脱硫脱硝实现的协同效应系数。

低氮燃烧技术应用可实现 NO_x 减排 867 t/a，实现 SO_2 生成量可削减 294.3～588.6 t/a，同时可实现温室气体减排 2.21 万 t CO_2/a，温室气体与 NO_x 减排的协同效应系数达到 25.5，温室气体与 SO_2 减排量的协同效应系数达到 37.5～75，虽不及水泥窑协同处置污泥产生的协同效应系数大，但也十分显著，同样也远远大于燃煤电厂、水泥厂等通过末端治理脱硫脱硝实现的协同效应。

同时，水泥窑协同处置污泥是一项可以同步实现环境效益与经济效益的技术。

---

① 避免了大量 CH_4 生成约合 1.4 万 t CO_2，实现燃煤替代减少温室气体产生 1.32 万 tCO_2。

若充分发展水泥窑协同处置污泥技术，达到 1.8 亿 t 熟料产能的生产线参与协同处置废弃物[①]的规模，仅以水泥窑协同处置污泥参照日本技术核算[②]，可处理含水率 60%的污泥 360 万 t/a（或含水率 80%的污泥 720 万 t/a），并同时实现[③]节约燃料 62.1 万 t 标准煤/a[④]，减排温室气体 376.9 万 t CO_2/a（替代燃料实现温室气体减排 183.1 万 t CO_2/a，减少 CH_4 实现温室气体减排 193.8 万 t CO_2/a）[⑤]，实现 NO_x 减排约 3.42 万 t/a[⑥]，实现 SO_2 减排 8.64 万 t/a[⑦]，环境效益巨大。

11.1.3 无水印刷技术协同案例评估分析

无水印刷技术作为印刷行业源头替代的重要技术之一，可同时实现温室气体与 VOCs 减排的协同效应，协同效果显著。

采用无水印刷技术时，不同类型的印品（有光油和无光油）对 VOCs 排放浓度影响不同，浓度低于北京市的 VOCs 排放标准（30 mg/m³）。使用无水印刷技术后，可以显著降低 VOCs 排放。

采用无水印刷技术后，企业每年 VOCs 的减排量可达到 1.04 t，同时 CO_2 排放量减少 55%，CO_2 与 VOCs 的协同效应系数达到 150.7，说明采用无水印刷技术后不仅可以减少 VOCs 的排放量，还可以协同减少 CO_2 的排放量。采用末端治理设施尽管可以实现 VOCs 的减排，但却增加了 CO_2 的排放量，协同效应系数为负值。

此外，在经济成本方面，使用无水印刷技术后，能够节省人力成本，润版液供水装置、管理费等成本也可实现削减。因此，使用无水印刷技术是一项可以同时实现环境效益和经济效益的技术。

---

① 《工业和信息化部关于水泥工业节能减排的指导意见》（工信部节〔2010〕582 号）提出"2015 年水泥窑协同处置生产线比例达到 10%"的目标。

② 即按照 5 000 t/a 熟料生产线处理 100 t/a 含水率 60%的污泥计算。

③ 以日本 3 000 t/a 熟料生产线处置 120 t/a 含水率 80%的污泥为基准测算。

④ 标准煤热值按 7 000 大卡计算。

⑤ 按第 8 章所述协同处置综合污泥 2.6 万 t 实现温室气体减排 1.4 万 tCO_2 核算。

⑥ 按第 8 章所述水泥熟料产能及去除率 12%核算。

⑦ 按硫含量 1%～2%计算。

11.1.4 煤炭消费总量控制案例分析

中国采取煤炭消费总量控制政策，2012—2020 年大约可实现燃煤替代共计 9.22 亿 t 标准煤。通过发展天然气能源和非化石能源利用来替代煤炭使用，均可产生显著的环境效应，温室气体与 SO_2 减排的协同效应系数可达 110～393，温室气体与 NO_x 减排的协同效应系数可达 145～479，温室气体与烟（粉）尘减排的协同效应系数可达 15～54。上述协同效应数值区间最小值即为天然气替代情景下可实现的协同效应系数，最大值即为非化石能源替代可实现的协同效应系数。采用非化石能源所产生的污染物和温室气体排放削减量均比采用天然气要大，协同效应也更显著。

由于天然气及非化石能源相对于煤炭均属于清洁能源，通过发展前者来替代后者，对于 SO_2、NO_x、烟（粉）尘等大气污染物及温室气体减排将具有显著积极的作用。从温室气体排放和污染气体排放过程来讲，煤炭消费总量控制属于源头控制的措施，通过煤炭消费总量控制政策所能达到的温室气体与污染物减排协同效应要比采取工程措施实行末端治理显著得多。再者，政策的作用对象往往是全国尺度，涵盖面也涉及多行业，其产生环境协同效应的基础更大。

11.2 主要结论

通过对湘潭市、攀枝花市总量减排措施对减缓全球温室气体排放的协同效应评价及结果的对比和综合分析，以及对水泥窑协同处置污泥的行业案例解析，还有对煤炭消费总量控制政策的协同效应评估，得出如下结论。

结论一：中国资源型工业城市 SO_2、NO_x 总量减排措施对减缓全球温室气体排放在总体上有显著的正协同效应，不容忽视。

实施关闭四川华电攀枝花发电公司 1 号机组等减排措施可以削减 SO_2 5.58 万 t，能够实现其"十一五"期间"SO_2 排放总量控制在 8.1 万 t 以内，净削减 3.37 万 t"

的总量控制目标，同时，能够减排 CO_2 210.4 万 t，协同效应系数为 37.7。湘潭市"十一五"期间实施关闭湘潭电厂 7 号、8 号、9 号发电小机组（25 MW 和 50 MW），关停韶峰水泥有限公司 4 条湿法转窑生产线等减排措施，可以实现削减 SO_2 5.9 万 t，同时，能够减排 CO_2 215.2 万 t，协同效应系数为 36.4。湘潭市"十二五"期间实施湘潭电厂四台 300～600 MW 机组烟气脱硫、脱硝等减排措施，可以实现削减 SO_2 7.5 万 t、削减 NO_x 1.7 万 t，同时，能够减排 CO_2 46.4 万 t（其中 17.8 万 t 由 SO_2 减排协同产生，28.6 万 t 由 NO_x 减排协同产生），协同效应系数为 5.04（SO_2 减排协同效应系数为 2.39，NO_x 减排协同效应系数为 16.8）。另外，由于湘潭市还有多家低产能、高污染的小水泥及小火电等企业正在进行整治，例如，湘潭市碱业有限公司正在采取余热余压利用等措施，可以减排大量 SO_2，这些措施的实施同时会减排大量温室气体，产生更大的协同效应。也就是说，如果将这些计算在内，协同效应系数可能会更大。

此外，如以 2006 年国内生产总值为基线，不考虑国内生产总值的增量，湘潭市"十一五"期间通过总量减排措施产生的协同效应使单位国内生产总值 CO_2 下降 7%，攀枝花市"十一五"期间通过总量减排措施产生的协同效应使单位国内生产总值 CO_2 下降 11%。而实际上无论是湘潭市还是攀枝花市，"十一五"期间国内生产总值增幅都较大，年均增长率分别为 16% 和 22%。因此，两市通过总量减排措施产生的协同效应使单位国内生产总值 CO_2 下降的百分比比实际值更大。这将对顺利实现《国民经济和社会发展"十二五"规划纲要》中提出的"单位国内生产总值 CO_2 排放降低 17%，主要污染物排放总量显著减少，COD、SO_2 排放分别减少 8%，氨氮、NO_x 排放分别减少 10%"等约束性目标，对温室气体和污染物等实施协同减排具有非常重大的意义。

而且，从另外一个角度来看，结合两个案例所得出的 37.7 和 36.5 两个协同效应系数，根据此协同效应系数对全国的 SO_2 削减总量粗略估算，如果到 2010 年单位 GDP 能源消耗比 2005 年降低 20%，新建项目环保措施都落实且 GDP 年均增加 10% 的情况下，要实现 SO_2 减排 10% 的任务，"十一五"末期，SO_2 需要削减 670 万 t，同时，将能够减排 CO_2 2.4 亿～2.5 亿 t。根据《中国应对气候变化国家方案》提供的数据，1991—2005 年，中国累计节约和少用的能源达到 8 亿 t 标准煤，相当于减少 CO_2 排放 18 亿 t。由此可以看出，"十一五"时期 SO_2 总量减排措施所产生的温室气体减排协同效应是非常巨大且不容忽视的。资源型工业城市污染减排带来的显著的温室气体协同减排，对于"十二五"规划纲要中提出的单位国内生产总值 CO_2 排放降低 17% 的约束性目标的顺利实现也有极大的帮助。

结论二：实现"十一五""十二五"污染物总量减排目标采取不同类型措施、应用不同技术，对减缓全球温室气体排放产生不同的协同效应，既可能有正的协同效应，也可能有负的协同效应，还可能有协同效应为 0 的情况存在。正的协同效应主要为源头控制措施，负的协同效应主要为末端减排措施。

正的协同效应主要来自源头控制、结构减排以及与二者紧密联系的工程措施，如能源结构调整、产业结构调整、协同处置技术应用等。例如，煤炭消费总量控制、攀枝花煤业集团关闭 5 台 35 t/h 蒸汽锅炉、四川华电攀枝花发电公司关闭 5 号机组（50 MW）、华菱湘钢的余热余压利用发电，以及水泥窑协同处置废弃物等。负的协同效应主要是末端处置的工程减排，主要表现在石灰石—石膏湿法脱硫。例如，攀枝花一立球团、攀枝花广川冶金有限公司、盐边县天时利矿业有限公司、盐边县天时利矿业有限公司等的烟气脱硫和治理项目，湘潭电厂、华菱湘钢的烟气脱硫，湘潭电化科技股份有限公司的热电联产锅炉炉内脱硫等。由于这些项目是对已经产生的烟气进行治理，不会使燃料使用量减少，所以对于主要因为燃料使用量减少而产生的 CO_2 减排影响不大，但是治理措施本身对 CO_2 的产生量会有影响，主要原因是这些项目使用了石灰石脱硫等工艺和技术，在削减 SO_2 的同时产生了相应的 CO_2，比例为削减 1 mol 的 SO_2 产生 1 mol 的 CO_2。没有明显协同效应的项目为工程减排项目，原因是这些项目使用了离子液吸收和 $Ca(OH)_2$ 吸收工艺，它们在削减 SO_2 的同时不会产生相应的 CO_2 等温室气体，但是，如果考虑用电则可能产生负效应，不过负效应很小。例如，攀枝花钢铁集团公司的 6 号烧结机脱硫治理，新建 360 m^2 烧结机替代 1 号、2 号烧结机，攀钢发电厂 1 号脱硫治理等项目。

结论三：从行业而言，各地各行业 SO_2 和 CO_2 减排总量贡献与其产业结构密切相关，但与协同效应系数并不一致。协同效应系数与行业本身属性、减排措施有直接关系。

两个示范城市协同效应系数最大的都为水泥行业，湘潭市协同效应系数大小顺序依次为水泥行业、钢铁行业、化工行业和电力行业，攀枝花市协同效应系数大小顺序依次为水泥行业、焦化行业、电力行业、钢铁行业。主要原因是两个示范城市水泥行业都实施结构减排措施。但是，水泥行业并非是两个示范城市最重要的支柱产业，也并非是两个示范城市 SO_2 或 CO_2 减排量最大的行业。钢铁行业和电力行业分别是攀枝花市和湘潭市 2 个示范城市的支柱产业，从总量而言，也是 SO_2 减排量最大的行业，例如，湘潭市电力行业 SO_2 减排量在"十一五"期间占本市 SO_2 减排总量的 70%，至"十二五"期间上升至 96%，攀枝花市钢铁行业 SO_2 减排量在"十一五"期间占本市 SO_2 减排总量的 62.4%。但电力行业和钢铁行业并非协同效应系数最大的行业，在湘潭市电力行业甚至是"十一五"期间协同效应系数最小的行业，到"十二五"时期则成为负数。

结论四：从减排措施来看，结构减排措施的协同效应不仅远远大于工程减排措施，而且具有较大的协同减排发展潜力。

源头治理的结构减排措施能产生较大的协同效应，而主要为末端治理的工程减排措施的协同效应一般为负。湘潭市"十二五"期间污染物总量减排的结构减排措施和工程减排措施相比，产生了更大的协同效应。

虽然相比于"十一五"期间，"十二五"期间污染物总量减排措施产生的温室气体减排协同效应有所减小，但是"十二五"期间的结构减排措施，产生 SO_2 削减量 0.097 5 万 t，温室气体削减量 23.9 万 t，协同效应系数高达 245.2，远远大于"十一五"期间 121.9 的结构减排协同效应系数。可见，从"十一五"期间到"十二五"期间，结构减排措施的协同效应以不断放大的趋势发展。而工程减排措施在"十二五"期间所产生的协同效应还要小于"十一五"期间，且呈不断缩小的趋势。

结论五：协同处置和政策措施比末端治理具有更显著的温室气体和污染气体减排协同效应。

煤炭消费总量控制政策、水泥窑协同处置污泥、低氮燃烧技术及无水印刷技术应用，都属于源头控制措施——或通过燃料替代减少温室气体和污染气体生成，或通过温度控制与气体浓度控制抑制 NO_x 生成，或是通过减少原材料使用减少 VOCs 排放，都是从源头控制削减污染气体和温室气体的生成。

水泥窑协同处置污泥实现温室气体与 SO_2、NO_x 减排的协同效应系数可分别达到 190～379、78.5。水泥窑协同处置污泥可以规避大量的环境风险，也可以节约大量的填埋占地及专用处置设施投资。

此外，无水印刷技术可显著减少 VOCs 和 CO_2 的排放，同时减少了安装末端治理设施的费用，印刷质量也有大幅提升，实现经济效益和环境效益的双赢。

煤炭消费总量控制作用面广，属于源头控制，环境协同效应非常显著。中国采取煤炭消费总量控制政策，在 2012—2020 年大约可实现燃煤替代共计 9.22 亿 t 标准煤。通过发展天然气能源和非化石能源利用来替代煤炭使用，均可产生显著的环境效益，温室气体与 SO_2 减排的协同效应系数可达 110～393，温室气体与 NO_x 减排的协同效应系数可达 145～479。中国的社会经济发展在未来一段时间仍将以持续增长的能源消耗总量作为支撑，在能源消耗总量增加的背景下减少煤炭等化石能源消耗，加快推进清洁能源和非化石能源良好发展，是中国达成污染减排与温室气体减排的有效路径。

11.3 政策建议

"十四五"时期，我国生态环境保护将进入减污降碳协同治理的新阶段。未来，要充分认识减污降碳协同增效的重要地位和作用，要将减污降碳协同增效作为经济社会发展全面绿色转型的总抓手，把实现减污降碳协同增效作为深入打好污染防治攻坚战的目标要求，加强顶层设计，重点从政策创新、技术创新和能力建设提升等方面发力，切实推动环境质量的改善、实现 2030 年前 CO_2 排放达峰和 2060 年前碳中和目标，推动经济高质量发展，为美丽中国建设做出新贡献。

11.3.1　进一步完善协同效应相关政策

推动《应对气候变化法》尽快出台，将协同控制污染物和温室气体排放作为指导思想和重要原则。尽快修订《环境保护法》《环境影响评价法》等相关法律，并将碳评纳入。全面清理与减污降碳协同增效不相适应的法律和政策内容。

统筹环境管理政策与气候变化政策：一是考虑将碳排放量作为环评指标，加快发布碳评纳入环评工作技术导则；二是积极推进碳排放与污染物排放交易制度的完善，探索在自贸试验区中推动碳排放交易与排污权交易的融合，实现协同减排量在交易中的核算与认可；三是推动碳排放与排污许可制度的融合，发布碳排放纳入排污许可制度的工作通知；四是建立产品污染物排放和碳排放档案，制定产品污染物排放和碳排放标准；五是建立协同效应型技术清单数据库、行业系数数据库；六是统筹推广低碳产品标识和环保产品认证；七是完善并制定《应对气候变化》执法规范和细则。

统筹环境经济政策与气候变化政策：一是研究统筹环境税与碳税，根据产品污染物排放和碳排放标准，对高污染、高耗能产品征税，并对生产高效、低碳、低污染产品实施企业所得税优惠政策、绿色信贷政策和绿色保险政策；二是研究和制定污染物与温室气体协同减排投资政策；三是继续完善资源综合利用的税收优惠政策；四是进一步制定和完善气候投融资政策，充分发挥绿色金融手段在减污降碳协同增效中的作用；五是制定取消或降低对化石燃料能源以及非可持续活动和产品的补贴等经济政策；六是将碳排放、碳履约情况作为指标纳入企业环境信用评价体系。环保诚信企业和信誉良好企业可在环保专项资金、环保评先创优等方面予以积极支持。

统筹环境技术政策与气候变化政策：一是制定重点行业和技术减污降碳协同增效指南，例如，编制电力、钢铁、水泥、化工等行业污染物和温室气体协同控制技术指南；二是实施相关财政政策、税收政策等推动企业开展减污降碳协同增效技术研发，例如，企业绿色低碳综合绩效评价等级不同，征收企业所得税的比例不同，如在减污降碳协同增效方面有技术创新，可参照高新技术企业的15%所得税税率征收；三是完善科技创新机制，组织低碳和污染协同控制重大科学研究及技术工程示范，建立技术开发、技术制造和技术使用"三位一体"的创新机制，推动环境友好低碳技术管理体系建设。

统筹规划能源发展利用政策：要落实源头控制理念，加快能源利用结构优化升级。一是加快统筹能源资源综合利用和环境污染防治，引导煤炭资源消费总量削减与空间格局调整。基于我国自然资源特点与经济发展形势，统筹规划，合理划分煤炭消费总量控制区，科学制定并分解控制目标，科学部署具备地区特征的操作性强的能源替代规划，并建立煤炭消费总量控制目标责任制系统。二是优化国土空间产业结构和工业布局，与煤炭消费结构、格局调整行程有效互动，协同推进。三是推进煤炭企业的股份制改造、兼并和重组，提高产业集中度，构建以大型煤炭企业集团为主体、中小型煤矿协调发展的产业格局，加紧对大型煤炭基地和基地内大中型煤炭企业区域煤炭资源现状、生态载力和安全生产条件进行评估。规划煤炭由主体能源向战略能源转化，分质开采、分质利用，探索煤炭消费全过程控制。四是推行能源多元化供给，在天然气、水电、风能等领域积极稳步发展，加强配套建设，协调发展电源和电网，并在国际能源市场寻找稳定持久的供应。加大政府扶持力度，积极引导可再生能源发展，促进能源结构调整和煤炭消费控制，并以煤炭总量控制为契机，推进农村能源利用方式升级，扩大煤炭总量控制环境效益。五是克服可再生能源成本高昂的价格"瓶颈"，通过辅以特殊的能源政策，在价格上给予优惠，并且建立"资源、环保、持续"的能源价格体系，使可再生能源具备竞争优势。

11.3.2　大力发展协同效应技术

协同控制技术开发是最大限度保障实现污染控制和温室气体减排协同效应的

关键和核心。目前，污染物和温室气体协同控制技术需求较大，但供给严重不足。

一要加强国际先进技术的学习和引进，具体技术包括：高能耗、高排放领域的节能减排技术；能效提高技术、余热回收利用技术；燃料、原料替代利用技术；自动控制和能源管理技术等。

二要打造学、研、产相结合的平台基础，实现先进技术的本土化及改良，进而推动自主技术的研发，以科技创新引导协同效应型核心技术的发展。

三要加强技术创新，建设发展环保低碳技术的技术支撑体系。重点开展推动减污降碳协同增效的绿色专利技术。要将资源生产率置于技术发展的中心地位，加快淘汰落后技术的步伐，推动产业升级，同步实现技术进步与效率改善。特别要大力推动相关技术创新，包括绿色能源技术、环境能源友好技术、清洁生产技术等，通过理论、方法、评价指标等方面的创新，寻求技术突破。

四要加大科研投入，大力发展清洁煤技术，使自主知识产权的燃煤污染控制关键技术和高效的官、产、学、研、用相结合，探索生态"源""汇"理论的实践，煤炭消费总量控制与固碳工程技术同步发展。

五要构造协同效应技术广泛应用和繁荣发展的政策及人文环境。设立协同效应技术新兴产业的研究和人才培养机制，制定加强对协同效应技术发展具有战略意义的关键原材料的控制政策，促进低碳环保城市规划的研究和实践。同时，要发挥国内机构协同效应技术创新应用的示范引领作用等。

11.3.3 进一步改善协同效应评估方法

本研究开发了污染物减排对温室气体减排的协同效应量化评价方法，并在国家层面以煤炭消费总量控制政策为例，在地区层面以攀枝花市和湘潭市为案例，在行业技术层面以水泥窑协同处置污泥和低氮燃烧技术为例，开展了污染减排的协同效应评价。但是，从方法论本身来看，首先，本评价方法重点考虑了 SO_2、NO_2 和 CO_2 之间的关系，对其他传统污染物及温室气体涉及较浅；其次，本评价方法重点考虑了大气污染治理，对污水处理和垃圾处置只作了部分定量评估。最后，方法论主要考虑了 CO_2 温室气体，只在行业技术案例考虑了 CH_4 等温室气体，方法论重点针对协同效应的物质化量度，对成本效益分析等货币化度量有待进一步深化和优化。从评价研究过程来看，虽然选择攀枝花市和湘潭市为案例进行了具体的评价研究，但是仍然只是个案研究，并没有具体显示全国的情况，选择煤炭消费总量控制的协同效应研究虽然涉及全国尺度，但也只是诸多行业中的一个案例。为此，有必要进一步完善传统污染物对温室气体减排的协同效应评价方法，同时深化总量减排的协同效应评估研究。一是对协同效应评估方法进行完善和创新，将考虑对象从单纯考虑大气扩展到大气、水和固体废物等的综合考量，将单纯计算 CO_2 一种温室气体扩大到考虑 CH_4 等其他几种温室气体，除了考虑总量减排对温室气体控制的环境效益，还要进行成本和效益核算；二是进一步开展区域和全国的协同效应评估，尤其是国家及区域尺度政策的协同效应精细化评估及预评估，服务于协同控制政策的制定；三是开展多行业、多尺度污染减排的协同效应研究。

11.3.4 大力推进地方实践

地方实践是协同效应最终实现的关键。为此提出以下五点建议。

一是探索地方先行立法，鼓励有条件的地方在应对气候变化领域制定地方性法规，协调推动地方有关部门在生态环境保护、资源能源利用、国土空间开发、城乡规划建设等领域的法规规章制修订过程中，增加应对气候变化的相关工作要求、举措等内容。在地方环境保护条例、大气污染防治条例中增加协同控制等相关内容。

二是将协同控制相关要求纳入生态环境保护相关规划。在规划衔接方面，地方除了将协同控制相关要求纳入生态环境保护规划外，还可将协同控制的要求、措施等纳入空气质量达标规划及城市低碳发展战略。控制温室气体排放工作方案中可明确提出协同控制具体工作任务，制定系统且长远的低碳发展行动计划和协同减排目标，并提出具体实现路径和措施。此外，还要考虑环境、气候、能源等领域的大协同，打通"废"和"碳"协同，通过节约资源和提升综合利用水平，与碳达峰、碳中和等约束指标协同推进，将协同控制相关要求纳入无废城市、水污染防治等地方专项规划或生态文明示范市（县）规划、"绿水青山就是金山银山"实践创新基地建设等规划。

三是制定地方减污降碳协同增效落实方案，开展试点示范。根据国家要求和各地实际情况，制定减污降碳协同增效落实方案，从体制机制、法规标准、政策体系、保障措施等方面明确提出地方减污降碳协同增效的目标、具体措施等，减污降碳协同增效在指标设定、目标考核、规划编制、措施制定、监督执法等各个方面得到充分体现，明确不同部门、不同行业开展减污降碳工作的时间表和路线图。此外，还需要明确减污降碳的重点领域（如产业结构优化、空间结构优化、能源结构转型、交通运输结构优化、新型建筑推广、碳汇建设等），提出具体的措施。开展地方减污降碳试点示范项目，开展地方空气质量达标与碳排放达峰"双达"试点示范，强化地方碳减排示范工程建设，率先在电力、钢铁、建材等行业建设大气污染物和温室气体协同控制试点示范，有序推动规模化、全链条 CO_2 捕集、利用和封存示范工程建设。

四是继续重视和大力实施结构减排措施，重视管理减排措施，加大运用经济激励措施的力度。

五是加强能力建设提升。设立专门减污降碳协同增效专家库和师资库。将减污降碳协同增效作为专门课程纳入党政领导干部培训。开展减污降碳协同增效专业人员培训，加大培训频次，增加培训范围，提升人员能力。

11.3.5　加强国际合作

中日两国在污染减排与协同效应研究示范项目中开展了务实合作，取得了丰硕成果，得到了广泛关注。未来应进一步深化和促进两国的相关合作，实现协同效应扩大。一是继续开展中日污染减排与协同效应研究示范项目，合作开展后续项目，后续项目要进一步加大污染减排与温室气体减排的协同效应合作研究力度，在完善协同效应评价方法的基础上着重开展协同控制政策研究。二是深化污染减排与温室气体协同效应的交流与对话，通过召开国际研讨会、磋商会和发布会等，共同探讨污染减排与协同效应，为同时完成污染物减排和温室气体减排目标提出切实可行的措施。三是深化协同效应型技术合作，加强协同效应型技术的扩散和使用。四是建立区域或全球性协同效应专家对话平台，成立相关专家网络。五是坚持和加强污染物减排与温室气体减排在协同效应方面的能力建设培训，以重污染、高能耗城市及地区为案例研究区，进一步加强国际合作示范。六是将本项目成果宣传并推广到其他发展中国家，例如，可在"一带一路"国家联合开展减污降碳协同增效的相关培训。

缩略语

英文全称	缩写	中文名称
Ammonia	NH₃	氨
Assessment Report	AR	评估报告
Black Carbon	BC	黑炭
Carbon Capture and Storage	CCS	碳捕集和碳封存
Carbon Dioxide	CO₂	二氧化碳
Carbon Monoxide	CO	一氧化碳
Chemical Oxygen Demand	COD	化学需氧量
Chlorofluorocarbons	CFCs	氯氟烃
Circulating Fluidized Bed Boiler and Constant Pressure	CFBC	循环型常压流化床锅炉
Clean Development Mechanism	CDM	清洁发展机制
Coal Moisture Control	CMC	煤炭湿度调节技术
Coke Dry Quenching	CDQ	干熄焦
Coke Oven Gas	COG	焦炉煤气
Combined Cycle Power Plant	CCPP	联合循环发电
Computable General Equilibrium	CGE	可计算的一般均衡模型
Conference of Parties	COP	缔约方大会
Di-Methyl Ether	DME	二甲醚
European Environment Agency	EEA	欧洲环境局
Five-Year Plan	FYP	五年计划
Global Climate Change Policy	GCC	全球气候变化政策

英文全称	缩写	中文名称
Greenhouse Gas	GHG	温室气体
Gross domestic Product	GDP	国内生产总值
Hydrofluorocarbons	HFCs	氢氟碳化合物
Institute for Global Environmental Strategies	IGES	日本全球环境战略研究所
Integrated Environmental Strategies	IES	综合环境项目
Integrated Gasification Combined Cycle	IGCC	整体燃气化联合循环发电
Intergovernmental Panel on Climate Change	IPCC	政府间气候变化专门委员会
International Energy Agency	IEA	国际能源署
International Institute for Applied Systems Analysis	IIASA	应用系统分析国际研究所
Japan International Cooperation Agency	JICA	日本国际协力机构
Liquefied Petroleum Gas	LPG	液化石油气
Methane	CH_4	甲烷
Ministry of Ecology and Environment of the People's Republic of China	MEE	中国生态环境部
Ministry of the Environment，Japan	MOEJ	日本环境省
Nitric Oxide	NO	一氧化氮
Nitrogen Oxides	NO_x	氮氧化物
Nitrous Oxide	N_2O	氧化亚氮
Organization for Economic Cooperation and Development	OECD	经济合作与发展组织
Overseas Environmental Cooperation Center	OECC	日本海外环境协力中心
Ozone	O_3	臭氧
Pacific Consultants，Co.，Ltd.PCKK	PCKK	太平洋咨询株式会社
Particulate Matter	PM	颗粒物
Policy Research Center for Environment and Economy of the Ministry of Ecology and Environment	PRCEE	生态环境部环境与经济政策研究中心
Pressurized Fluidized Bed Combustion	PFBC	增压流化床燃烧发电

英文全称	缩写	中文名称
Rotary Hearth Furnace	RHF	转底式还原炉
Silicon Tetrachloride	$SiCl_4$	四氯化硅
Stockholm Environment Institute	SEI	斯德哥尔摩环境研究所
Sulfur Dioxides	SO_2	二氧化硫
Sulfur Hexafluoride	SF_6	六氟化硫
Sulfur Trioxide	SO_3	三氧化硫
Super Coke Oven for Productivity and Environment Enhancement Toward the 21st Century	SCOPE21	面向 21 世纪的高效生产与环保的超级焦炉
Super Critical	SC	超临界
Suspension Preheater	SP	悬浮预热器
Sustainable Development Goals	SDGs	联合国可持续发展目标
The Clean Air Initiative for Asian Cities	CAI-Asia	亚洲城市清洁空气行动中心
The Greenhouse gas-Air Pollution Interaction and Synergies	GAINS	温室气体—大气污染相互作用和协同模型
Top Pressure Recovery Turbine	TRT	高炉炉顶压发电技术
Ultra-Super-Critical	USC	超超临界
United Nation Environment Programme	UNEP	联合国环境规划署
United Nations Framework Convention on Climate Change	UNFCCC	联合国气候变化框架公约
Volatile Organic Compounds	VOC	挥发性有机化合物

参考文献

[1] Air Quality Management—a tool to reduce emissions. http：//neec.no/uploads/File/Whatsup/ whatsupforneec/EM-workshop/BJPDF/26-1545-Steinar%20Larssen.pdf.

[2] Assey K R. A source inventory for atmospheric methane in New Zealand and its global perspective[J]. Journal of Geophysical Research，1992，97：3751-3766.

[3] Aunan K，Mestl H E，Seip H M，et al. Co-benefits of CO_2-reducing policies in China—a matter of scale？ [J]. International Journal of Global Environmental Issues，2003，3（3）：287-304.

[4] Aunan K，Fang J，Vennemo H，et al. Co-benefits of climate policy—lessons learned from a study in Shanxi，China[J]. Energy Policy，2004，32（4）：567-581.

[5] Bogdonoff P. Land-use change and carbon exchange in the tropics-III.Structure，basic equation and sensitivity analysis of the model[J]. Environmental Management，1985，9：339-346.

[6] Bollen J，Guay B，Jamet S，et al. Co-benefits of climate change mitigation policies：literature review and new results[R]. Paris：OECD Publishing，2009.

[7] Bollen J，van der Zwaan B，Brink C，et al. Local air pollution and global climate change：A combined cost-benefit analysis[J]. Resource and Energy Economics，2009，31（3）：161-181.

[8] Bollen J，B van der Zwaan，Bcrink H Eerens. Local air pollution and global climate change：A combined cost-benefit analysis，PBL Report No.500 116002[R]. Netherlands：Netherlands Environmental Assessment Agency，2007.

[9] Bollen J，Bcrink H Eerens，Manders T. Co-benefits of Climate Policy，PBL Report No.500 116005[R]. Netherlands：Netherlands Environmental Assessment Agency，2009.

[10] Chae Y，Lee J B，Park J I. Integrated Environmental Strategies[R]. Seoul：Korean Ministry of

Environment，2007.

[11] Cicerone R J，Oremland R S. Biogeochemical aspects of atmospheric methane[J]. Global Biogeochemical Cycles，1988，2：299-327.

[12] Crutzen P J，Andreae M O. Biomass burning in the tropics：Impact on atmospheric chemistry and biogeochemical cycles[J]. Science，1990，250：1669-1678.

[13] Crutzen P J. Methane production by domestic animals，wild ruminants，other herbivorous fauna，and humans[J]. Tellus，1986，38B：271-284.

[14] Dong H J，Dai H C，Dong L，et al. Pursuing air pollutant co-benefits of CO_2 mitigation in China：a provincial leveled analysis [J]. Applied Energy，2015，144：165-174.

[15] Duxbury J M. The significance of agricultural sources of green-house gases[J]. Fertilizer Research，1994，38：151-163.

[16] Grainger A. Modeling deforestation in the humid tropics//Deforestation or development in the third world Volume III Bulletin No.349：p51-67. Helsinki：Finnish Forest Research Institute，1990.

[17] Groosman B，Muller N Z，O'Neil- Toy E. The ancillary beefits from climate policy in the United States[J]. Environment and Resource Economics，2011，50（4）：585-603.

[18] Hongli Feng，Lyubov A Kurkalova，Catherine L Kling，et al. Economic and environmental co-benefits of carbon sequestration in agricultural soils：Retiring agricultural land in the upper mississippi river basin[R]. Center for Agricultural and Rural Development，Iowa State University，2005. http：//www.econ.iastate.edu/research/webpapers/paper_12 439.pdf.

[19] Groosman B，Muller N Z，O'Neill-Toy E. The ancillary benefits from climate policy in the United States[J]. Environmental and Resource Economics，2011，50（4）：585-603.

[20] Henneman L R，Rafaj F P，Annegarn H J，et al. Assessing emissions levels and costs associated with climate and air pollution policies in South Africa[J]. Energy Policy，2016，89：160-170.

[21] Hao W M. Sources of atmospheric nitrous oxide from combustion[J]. Journal of Geophysical Research，1987，92：3098-3104.

[22] Houghton R A，Skole D L. Biogeochemical aspects of atmospheric methane[J]. Global Biogeochemical Cycles，1988，2：299-327.

[23] IGES. IGES 白皮书[R]. 2008.

[24] IPCC. Climate Change 1995：The science of climate change（Report of Working Group I）[R]. New York：Cambridge University Press，1996.

[25] IPCC. WG3 Chapter 7，第三次评估报告[R]. 2001.

[26] IPCC. WG3 Chapter 4、7、11，技术摘要（中文），第四次评估报告[R]. 2007.

[27] JICA.协同效应型气候变化对策与 JICA 的协力[R]. 2008.

[28] Jiang P，Chen Y，Geng Y，et al. Analysis of the co-benefits of climate change mitigation and air pollution reduction in China[J]. Journal of Cleaner Production，2013，58：130-137.

[29] Joyce E Penner. Atmospheric chemistry and air quality//in land use and land cover：A global perspective[J]. Cambridge，1975，175-209.

[30] Jung，Jaehyung，Kwon，et al. Statistical model analysis of urban spatial structures and greenhouse gas（GHG）-air pollution（AP）integrated emissions in seoul[J]. Nihon Chikusan Gakkaiho，2015，24（3）：303-316.

[31] Kurz W A. The carbon budget of the Canadian forest sector. Phase I information report NOR-X-326[R]. Vancouver：Forestry Canada Northwest Region Northern Forestry Center，1992.

[32] Lassey K R. A source inventory for atmospheric methane in New Zealand and its global perspective[J]. Journal of Geophysical Research，1992，97：3751-3766.

[33] Lerner J. Methane emission from animals：A global high-resolution database[J]. Global Biogeochemical Cycles，1988，2：139-156.

[34] Lee T，van de Meene S. Comparative studies of urban climate cobenefits in Asian cities：an analysis of relationships between CO_2 emissions and environmental indicators[J]. Journal of Cleaner Production，2013，58：15-24.

[35] Levan Elbakidze，Bruce A Mccarl. Sequestration offsets versus direct emission reductions：

Consideration of environmental externalities[R/OL]. Texas A&M University. http：//agecon2. tamu.edu/people/faculty/mccarl-bruce/papers/1097.pdf.

[36] Li J F，Zhu L，Hu R Q，et al. Policy analysis of the barriers to renewable energy development in the people's republic of China[J]. Energy for Sustainable Development，2002，6（3）：11-20.

[37] Liu L，Wang K，Wang S S，et al. Assessing energy consumption，CO_2 and pollutant emissions and health benefits from China's transport sector through 2050[J]. Energy policy，2018，116：382-396.

[38] Liu L Q，Liu C X，Wang J S. Deliberating on renewable and sustainable energy policies in China[J]. Renewable and Sustainable Energy Reviews，2013，17：191-198.

[39] Lo K. A critical review of China's rapidly developing renewable energy and energy efficiency policies[J]. Renewable and Sustainable Energy Reviews，2014（29）：508-516.

[40] Ma Z，Xue B，Geng Y，et al. Co-benefits analysis on climate change and environmental effects of wind-power：A case study from Xinjiang，China[J]. Renewable Energy，2013，57：35-42.

[41] Markandya A，Armstrong B J，Hales S，et al. Public health benefits of strategies to reduce greenhouse-gas emissions：Overview and implications for policy makers[J]. The Lancet，2009，374（9706）：2006-2015.

[42] Matson P A. Sources of variation in nitrous oxide flux from Amazonian ecosystems[J]. Journal of Geophysical Research，1990，95：16789-16798.

[43] Matthews E，Fung I. Methane emission from natural wetlands：Global distribution，area and environmental characteristics of sources[J]. Global Biogeochemical Cycles，1987，1：61-88.

[44] Muller N Z. The design of optimal climate policy with air pollution cobenefits[J]. Resource and Energy Economics，2012，34（4）：696-722.

[45] Muzio L J，Kramlich J C. An artifact in the measurement of N_2O from combustion sources[J]. Geophysical Research Letters，1988，15：1369-1372.

[46] Nathan Rive. Climate policy in Western Europe and avoided costs of air pollution control[J]. Economic Modelling，2010，27（1）：103-115.

[47]　O'Connor D，Zhai F，Aunan K，et al. 2003：Agricultural and human health impacts of climate policy in China：A general-equilibrium analysis with special reference to Guangdong，Technical Paper 206[R]. Paris：OECD Development Centre，2003.

[48]　OECD. OECD economics department working papers No.693 co-benefits of climate change mitigation policies[C]. 2009.

[49]　Pepper W J，Leggett J，Swart R，et al. Climate Change：Supplementary report to the IPCC scientific assessment[C]. Cambridge：Cambridge University Press，1992.

[50]　Pereira J P，Parady G T，Dominguez B C. Japan's energy conundrum：Post-fukushima scenarios from a life cycle perspective[J]. Energy Policy，2014，67：104-115.

[51]　Petter Tollerfsen. Air pollution policies in Europe：Efficiency gains from integrating climate effects with damage costs to health and crops[J]. Environmental Science & Policy，2009，12（7）：870-881.

[52]　Prather M，Ehhalt D，Dentener F，et al. Atmospheric Chemistry and Greenhous Gases，Climate Change 2001：The Scientific basis. Third Assessment Report，WG Chapter 4[R]. Cambridge and New York：Cambridge University Press，2001.

[53]　Puppim de Oliveira J A，Doll C N H，Kurniawan T A，et al. Promoting win-win situations in climate change mitigation，local environmental quality and development in Asian cities through cobenefits[J]. Journal of Cleaner Production，2013，58：1-6.

[54]　Radu O B，M. van den Berg，Klimont Z. Exploring synergies between climate and air quality policies using long-term global and regional emission scenarios [J]. Atmospheric Environment，2016，140：577-591.

[55]　Ramanathan V，Carmichael G. Global and regional climate changes due to black carbon[J]. Nature Geoscience，2008，1：221-227.

[56]　Ramanathan V，Feng Y. On avoiding dangerous anthropogenic interference with the climate system：Formidable challenges ahead[J]. PNAS，2008，105（38）：14245-14250.

[57]　Richard Morgenstern，Alan Krupnick，Xuehua Zhang. The ancillary carbon benefits of SO_2

reductions from a small-boiler policy in taiyuan，PRC[EB/OL]. http：//www.rff.org/documents/ RFF-DP-02-54.pdf.

[58]　Robert J Nicholls. OECD Workshop on the Benefits of Climate Policy：Improving Information for Policy Makers，Case study on sea-level rise impacts[R].Paris：OECD，2002，http：//www.oecd.org/dataoecd/7/15/2483213.pdf.

[59]　Rotmans J，Swart R J. Modeling tropical deforestation and its consequences for global climate[J]. Ecological Modelling，1991，58：217-247.

[60]　Rotty R M. Estimates of seasonal variation in fossil fuel CO_2 emissions[J]. Tellus，1987，39B：184-202.

[61]　Schwanitz V J，Longden T，Knopf B，et al. The implications of initiating immediate climate change mitigation-A potential for cobenefits？[J]. Technological Forecasting and Social Change，2015，90：166-177.

[62]　Shen L，Gao T M，Cheng X. China's coal policy since 1979：A brief overview[J]. Energy policy，2012（40）：274-281.

[63]　Shih Y H，Tseng C H. Cost-benefit analysis of sustainable energy development using life-cycle co-benefits assessment and the system dynamics approach[J]. Applied Energy，2014，119：57-66.

[64]　Shrestha R M，Pradhan S. Co-benefits of CO_2 emission reduction in a developing country[J]. Energy Policy，2010，38（5）：2586-2597.

[65]　Stockholm Environment Institute（SEI）. Benefits of integrating air pollution and climate change policy. 2008.

[66]　Subhrendu K Pattanayak，Allan Sommer，Brian C Murray. Water quality co-benefits of greenhouse Gas Reduction Incentives in U.S.agriculture-final report[R/OL].http：//foragforum. rti.org/documents/Pattanayak-paper.pdf.

[67]　Swart R，Amann M，Raes F，et al. A good climate for clean air：Linkages between climate change and air pollution[J]. An Editorial Essay，Climatic Change，2004，66（3）：263-269.

[68] Trenberth K E. Observations：Surface and atmospheric climate change[C]. Cambridge and New York，Cambridge University Press，2007.

[69] U.S.EPA. Integrated Environment Strategies Handbook. 2004.

[70] UNDP. 2009/10 中国人类发展报告[R]. 2010.

[71] Van Harmelen T，J Bakker，De Vries B，et al. Long-term reductions in costs of controlling regional air pollution in Europe due to climate policy[J]. Environmental Science & Policy，2002，5（4）：349-365.

[72] Williams C，Hasanbeigi A，Grace W，et al. International experiences with quantifying the co-benefits of energy-efficiency and greenhouse-gas mitigation programs and policies[R]. Berkeley：Ernest Orlando Lawrence Berkeley National Laboratory，2012.

[73] Worrell E，G Biermans. Move over，Stock turn over，retrofit and industrial energy efficiency[J]. Energy Policy，2005，33（7）：949-962.

[74] Xue B，Ma Z，Geng Y，et al. A life cycle co-benefits assessment of wind power in China[J]. Renewable and Sustainable Energy Reviews，2015，41：338-346.

[75] Yang X，Teng F，Wang G. Incorporating environmental co-benefits into climate policies：A regional study of the cement industry in China[J]. Applied Energy，2013，112：1446-1453.

[76] Yeora Chae. Co-benefit analysis of an air quality management plan and greenhouse gas reduction strategies in the Seoul metropolitan area[J]. Environmental Science & Policy，2010，13（3）.

[77] 公害健康灾害补偿预防协会. 日本的大气污染经验. 1994.

[78] 国立国会图书馆. 关于地球温暖化的国际交涉. 2008.

[79] 海外环境合作中心. 关于发展中国家的发展需求志向的协同效应型温暖化对策和实现 CDM. 2007.

[80] 海外环境合作中心. 实现发展中国家环境对策的协同效应型温暖化对策和促进 CDM. 2008.

[81] 泷口博明. 发展中国家的削减温室效应气体与协同效应措施[J]. 季刊环境研究 160 号，

2011.

[82] 日本的大气污染经验探讨委员会. 日本的大气污染经验. 1997.

[83] 小柳秀明. 环境问题的百货商场——中国. 2010.

[84] 小柳秀明. 最近中国的气候变化对应与日本的环境污染对策等支援[J]. 季刊环境研究 160 号，2011.

[85] 竹本和彦，加藤真，二宫康司. 关于展开气候变化问题而带来的派生利益与发展中国家的主体参与[J]. 季刊环境研究 146 号，2007.

[86] 柴发合，支国瑞，等. 空气污染和气候变化：同源与协同[M]. 北京：中国环境出版社，2015.

[87] 蔡闻佳，惠婧璇，赵梦真，等. 温室气体减排的健康协同效应：综述与展望[J]. 城市与环境研究，2019，1：78-96.

[88] 常纪文，田丹宇. 应对气候变化法的立法探究[J]. 中国环境管理，2021，2：16-19.

[89] 陈冠益，邓娜，吕学斌，等. 中国低碳能源与环境污染控制研究现状[J]. 中国能源，2010（4）：9-14.

[90] 陈菡，陈文颖，何建坤. 实现碳排放达峰和空气质量达标的协同治理路径研究[J]. 中国人口·资源与环境，2020，30（10）：12-18.

[91] 陈继红. 中国 CDM 林业碳汇项目的评价指标体系[J]. 东北林业大学学报，2006.

[92] 陈茜，刘扬，苏利阳，等. 不同煤电技术选择的综合环境经济影响分析[J]. 系统工程，2014（10）：118-125.

[93] 董占峰，周佳，毕粉粉，等. 应对气候变化与生态环境保护协同政策研究[J]. 中国环境管理，2021，1：25-34.

[94] 方精云. 中国森林植被碳库的动态变化及其意义[J]. 植物学报，2001，43（9）：967-973.

[95] 冯相昭，王敏，梁启迪. 机构改革新形势下加强污染物与温室气体协同控制的对策研究[J]. 环境与可持续发展，2020，1：146-149.

[96] 冯相昭，田春秀. 应对气候变化与生态环境协同治理吹响集结号《关于统筹和加强应对气候变化与生态环境保护相关工作的指导意见》解读之四[N]. 中国环境报，2021-01-27.

[97] 冯相昭，赵梦雪，王敏，等. 中国交通部门污染物与温室气体协同控制模拟研究[J]. 气候变化研究进展，2021，17（3）：279-288.

[98] 高广生. 减缓全球气候变化的本质和我国应对策略[J]. 我国能源，2002（7）：4-8.

[99] 龚利，田瑾，王裕明. 我国能源补贴对能源结构的影响效应研究[J]. 华东经济管理，2014（4）：50-53.

[100] 顾阿伦，滕飞，冯相昭. 主要部门污染物控制政策的温室气体协同效果分析与评价[J]. 中国人口·资源与环境，2016，26：10-17.

[101] 郭旭东，陈利顶，傅伯杰. 土地利用/土地覆被变化对区域生态环境的影响[J]. 环境科学进展，1999，6：67-76.

[102] 韩伟. 火电设备制造业三十年：支撑更高效清洁的电力发展[J]. 电力设备，2008（8）：107-110.

[103] 何宏舟. 改善一次能源消费结构减少温室气体排放[J]. 能源节约和环境保护，2002（11）：9-12.

[104] 何建坤，张阿玲，刘滨. 全球气候变化问题与我国能源战略[J]. 科学对社会的影响，2001（2）：40-44.

[105] 贺晋瑜. 温室气体与大气污染物协同控制机制研究[D]. 太原：山西大学，2011.

[106] 胡涛，田春秀，李丽平. 协同效应对中国气候变化的政策影响[J]. 环境保护，2004（9）：56-58.

[107] 胡涛，田春秀，毛显强. 协同控制：回顾与展望[J]. 环境与可持续发展，2012（1）：25-29.

[108] 黄新皓，李丽平，李媛媛，等. 应对气候变化协同效应研究的国际经验及对中国的建议[J]. 世界环境，2019，1：29-32.

[109] NEDO. 地球温暖化对策技术转移手册 2008 年修订版[M].NEDO 技术开发机构，2008.

[110] 贾璐宇，王艳华，王克，等. 大气污染防治措施 CO_2 协同减排效果评估[J]. 环境保护科学，2020，222（6）：25-32，49.

[111] 蒋春来，杨金田，金玲，等. "十二五"水泥行业 NO_x 总量减排形势分析及对策探讨[J]. 环境与可持续发展，2012（6）：26-30.

[112] 姜磊，季民河. 基于空间异质性的中国能源消费强度研究——资源禀赋、产业结构、技术进步和市场调节机制的视角[J]. 产业经济研究，2011（4）：61-70.

[113] 姜晓群，王力，周泽宇，等. 关于温室气体控制与大气污染物减排协同效应研究的建议[J]. 环境保护，2019，47（19）：31-35.

[114] 鞠鲁霞.低碳经济背景下我国贸易战略调整[D]. 大连：东北财经大学，2010.

[115] Kirk R Smith. 大气污染的健康效应[A]. 北京论坛（2008）文明的和谐与共同繁荣——文明的普遍价值和发展趋向："生态文明：环境、能源与社会进步"环境分论坛论文或摘要集[C]，2008.

[116] 李建伟.全球治理视野下的气候变化问题研究[D]. 秦皇岛：燕山大学，2009.

[117] 李丽平，姜苹红，李雨青，等. 湘潭市"十一五"总量减排措施对温室气体减排协同效应评价研究[J]. 环境与可持续发展，2012（1）：38-42.

[118] 李丽平，周国梅. 切莫忽视污染减排的协同效应[J]. 环境保护，2009（24）：77-80.

[119] 李丽平，周国梅，季浩宇. 污染减排的协同效应评价研究——以攀枝花市为例[J]. 中国人口·资源与环境，2010（S2）：91-95.

[120] 李玲，赖志刚，黄光波，等. 论节能减排与低碳经济[J]. 环境科学导刊，2012（3）：21-23.

[121] 李俊峰，时璟丽. 国内外可再生能源政策综述与进一步促进我国可再生能源发展的建议[J]. 可再生能源，2006（1）：1-6.

[122] 李怒云. 中国林业碳汇管理现状与展望[J]. 绿色中国，2005（6）：23-26.

[123] 李媛媛，李丽平，姜欢欢，等. 加强国际合作，统筹温室气体和污染物协同控制《关于统筹和加强应对气候变化与生态环境保护相关工作的指导意见》解读之一[N]. 中国环境报，2021-01-22.

[124] 李媛媛，李丽平，冯相昭，等. 污染物与温室气体协同控制方案建议[N]. 中国环境报，2020-07-28.

[125] 李媛媛，王敏燕，李丽平，等. 无水印刷技术协同减排污染物与温室气体案例评估[J]. 气候变化研究进展，2021，17：289-295.

[126] 林智钦，林宏赡.2011中国能源环境发展研究——绿色能源：引领未来[J]. 中国软科学，

2011（S1）：49-60.

[127] 刘国华，傅伯杰，方精云. 中国森林碳动态及其对全球碳平衡的贡献[J]. 生态学报，2000，20（5）：733-740.

[128] 刘胜强，毛显强，胡涛，等. 中国钢铁行业大气污染与温室气体协同控制路径研究[J]. 环境科学与技术，2012（7）：168-174.

[129] 柳亚琴. 低碳经济约束下中国一次能源消费结构优化研究[D]. 太原：山西财经大学，2014.

[130] 毛显强，邢有凯，胡涛，等. 中国电力行业硫、氮、碳协同减排的环境经济路径分析[J]. 中国环境科学，2012（4）：748-756.

[131] 毛显强，曾桉，刘胜强，等. 钢铁行业技术减排措施硫、氮、碳协同控制效应评价研究[J]. 环境科学学报，2012（5）：1253-1260.

[132] 毛显强，曾桉，邢有凯，等. 从理念到行动：温室气体与局地污染物减排的协同效益与协同控制研究综述[J]. 气候变化研究进展，2021，17：255-267.

[133] 潘根兴，李恋卿，张旭辉. 土壤有机碳库与全球变化研究的若干前沿问题——兼开展中国水稻土有机碳固定研究的建议[J]. 南京农业大学学报，2002，25（3）：100-109.

[134] 潘家华. 减缓气候变化的经济学分析[M]. 北京：气象出版社，2003.

[135] 彭奎. 试论农业养分的非点源污染与管理[J]. 环境保护，2001（1）：15-17.

[136] 沈鹏，傅泽强，高宝. 钢铁行业大气污染物协同减排研究[A]. 2012 中国环境科学学会学术年会论文集（第三卷）[C]. 2012.

[137] 石耀东. 我国能源政策面临的突出矛盾与未来战略转型[J]. 发展研究，2014（2）：7-10.

[138] 宋平. 气候变化背景下中国低碳制造发展研究[D]. 南京：南京信息工程大学，2012.

[139] 谭琦璐，温宗国，杨宏伟. 控制温室气体和大气污染物的协同效应研究评述及建议[J]. 环境保护，2018，24：51-57.

[140] 谭琦璐，杨宏伟. 京津冀交通控制温室气体和污染物的协同效应分析[J]. 中国能源，2017，39（4）：25-31.

[141] 覃小玲. 温室气体与大气污染控制的协同减排效益研究[D]. 广州：华南理工大学，2012.

[142] 汤烨. 火电厂大气污染物与温室气体协同减排效应核算及负荷优化控制研究[D]. 保定：

华北电力大学，2014.

[143] 田春秀，李丽平. 西气东输工程的环境协同效应研究[J]. 环境科学研究，2006，19（3）：122-127.

[144] 田春秀，於俊杰，胡涛. 环境保护与低碳发展协同政策初探[J]. 环境与可持续发展，2012（1）：20-24.

[145] 王灿，邓红梅，郭凯迪，等. 温室气体和空气污染物协同治理研究展望[J]. 中国环境管理，2020，12（4）：5-12.

[146] 王灿，张雅欣. 碳中和愿景的实现路径与政策体系[J]. 中国环境管理，2020，12（6）：58-64.

[147] 王灿. 碳中和愿景下的低碳转型之路[J]. 中国环境管理，2021，13（1）：13-15.

[148] 王礼茂. 几种主要碳增汇/减排途径的对比分析[J]. 第四纪研究，2004，24（2）：191-197.

[149] 王敏，王里奥，刘莉. 垃圾填埋场的温室气体控制[J]. 重庆大学学报，2001，24（5）：142-144.

[150] 王敏，冯相昭，杜晓林，等. 工业部门污染物治理协同控制温室气体效应评价——基于重庆市的实证分析[J]. 气候变化研究进展，2021，17（3）：296-304.

[151] 王伟男. 欧盟应对气候变化的基本经验及其对中国的借鉴意义[D]. 上海：上海社会科学院，2009.

[152] 吴星家. 发展超临界循环流化床技术符合我国电力工业发展的客观需要[N]. 中国电力报，2010-01-06.

[153] 萧谦，刘宁. 城市温室气体与大气污染控制协同效应研究[J]. 江苏科技信息，2012（9）：63-65.

[154] 孙淑君. 日本 NEDO 洁净煤技术的进展[J]. 中国煤炭，1995（2）：51-54.

[155] 邢有凯，毛显强，冯相昭，等. 城市蓝天保卫战行动协同控制局地大气污染物和温室气体效果评估——以唐山市为例[J]. 中国环境管理，2020，12（4）：20-28.

[156] 许光清，温敏露，冯相昭，等. 城市道路车辆排放控制的协同效应评价[J]. 北京社会科学，2014（7）：82-90.

[157] 许红梅. 陆地植物固碳作用和固碳潜力[R]. 国家气象局气候中心，2007.

[158] 严刚，雷宇，蔡博峰，等. 强化统筹、推进融合，助力碳达峰目标实现《关于统筹和加强

应对气候变化与生态环境保护相关工作的指导意见》解读之三[N]. 中国环境报，
2021-01-26.

[159] 杨曦，滕飞，王革华. 温室气体减排的协同效益[J]. 生态经济（学术版），2013，8：45-50.

[160] 杨学明. 农业土壤固碳对缓解全球变暖的意义[J]. 地理科学，2003，23（1）：102-109.

[161] 叶敏华. 中国电力部门分区域优化模型及排放控制政策模拟[D]. 北京：清华大学，2013.

[162] 易兰，赵万里，杨历. 大气污染与气候变化协同治理机制创新[J]. 科研管理，2020，41
（10）：134-144.

[163] 於俊杰，田春秀，陈迎. 后德班时代环境保护部门开展应对气候变化工作的几点思考[J].
环境与可持续发展，2012（1）：18-21.

[164] 张徐东. 低碳背景下电力系统规划与运营模式及决策方法研究[D]. 保定：华北电力大学，
2013.

[165] 张一民. 基于多目标规划的协同减排问题研究[D]. 济南：山东大学，2014.

[166] 张一鹏. 低碳经济背景下的新能源开发和利用[J]. 中外能源，2010（11）：28-32.

[167] 赵义海. 全球气候变化与草地生态系统[J]. 草业科学，2000，17（5）：49-54.

[168] 郑佳佳，孙星，张牧吟，等. 温室气体减排与大气污染控制的协同效应——国内外研究综
述[J]. 生态经济，2015（11）：133-137.

[169] 周安玉. 国内钢铁烧结烟气脱硫主流工艺应用与投资评价[J]. 中国钢铁业，2009（12）：
25-30.

[170] 周宏春. 以系统观念推动减污降碳协同[J]. 中国商界，2021（5）：38-39.

[171] 周文，宋燕. 国际应对气候变化的法规标准概览及其启示[A]. 经济发展方式转变与自主
创新——第十二届中国科学技术协会年会（第一卷）[C]. 2010.

[172] 周颖，张宏伟，蔡博峰，等. 水泥行业常规污染物和CO_2协同减排研究[J]. 环境科学与技
术，2013（12）：164-168.

[173] 联合国气候变化框架公约，2015.

[174] 财政部，国家发展改革委. 高效节能产品推广财政补助资金管理暂行办法. 2009.

[175] 财政部，国家税务总局，国家发展改革委. 公共基础设施项目企业所得税优惠目录. 2008.

[176] 工业和信息化部. 钢铁企业干式 TRT 发电技术推广实施方案. 2010.

[177] 工业和信息化部. 钢铁企业和焦化企业干熄焦技术推广实施方案. 2010.

[178] 工业和信息化部. 钢铁企业炼焦煤调湿技术推广实施方案. 2010.

[179] 工业和信息化部. 新型干法水泥窑纯低温余热发电技术推广实施方案. 2010.

[180] 国家发展改革委. 产业结构调整指导目录（2005 年本）. 2005.

[181] 国家发展改革委. 关于加快关停小火电机组的若干意见. 2007.

[182] 国家发展改革委. 关于加快推行合同能源管理促进节能服务产业发展的意见. 2010.

[183] 国家环境保护总局. 环境保护设施运行管理条例. 2007.

[184] 国家环境保护总局. 首次申请上市或再融资的上市公司环境保护核查工作指南. 2007.

[185] 国家环境保护总局, 中国人民银行, 中国银行业监督管理委员会. 关于落实环保政策法规防范信贷风险的意见. 2007.

[186] 国家气候变化对策协调小组办公室. 中国气候变化初始国家信息通报. 2005.

[187] 国务院. 大气污染防治行动计划. 2013.

[188] 国务院. 关于加快推进产能过剩行业结构调整的通知. 2006.

[189] 国务院. 规划环境影响评价条例. 2009.

[190] 国家发展改革委. 节能发电调度办法（试行）. 2007.

[191] 国家发展改革委. 可再生能源发展"十一五"规划. 2008.

[192] 国家发展改革委. 能源发展"十一五"规划. 2007.

[193] 国家发展改革委, 国家环境保护总局. 燃煤发电机组脱硫电价及脱硫设施运行管理办法（试行）. 2007.

[194] 国家发展改革委, 国家环境保护总局. "十一五"期间全国主要污染物排放总量控制计划. 2006.

[195] 国家发展改革委, 科技部. 中国节能技术政策大纲. 2006.

[196] 国家发展改革委. 国家应对气候变化规划（2014—2020 年）. 2014.

[197] 湖南省人民政府. 长株潭城市群资源节约型和环境友好型社会建设综合配套改革试验总体方案. 2009.

[198] 环境保护部. 工业企业污染治理设施污染物去除协同控制温室气体核算技术指南（试行）. 2017.

[199] 环境保护部. 轻型汽车污染物排放限值及测量方法（中国第六阶段）. 2016.

[200] 环境保护部. 全国生态保护"十三五"规划. 2013.

[201] 环境保护部. 全国生态保护"十三五"规划纲要. 2016.

[202] 环境保护部. "十二五"主要污染物总量减排核算细则. 2011.

[203] 环境保护部. 长三角地区重点行业大气污染限期治理方案. 2014.

[204] 环境保护部, 国家发展改革委, 工业和信息化部, 财政部, 住房和城乡建设部, 国家能源局. 京津冀及周边地区落实大气污染防治行动计划实施细则. 2013.

[205] 建设部, 国家环境保护总局, 科学技术部. 城市生活垃圾处理及污染防治技术政策. 2000.

[206] 建设部. 城市生活垃圾管理办法. 2007.

[207] 科技部. 中国应对气候变化科技专项行动. 2007.

[208] 商务部, 国家环境保护总局. 关于加强出口企业环境监管的通知. 2007.

[209] 生态环境部, 国家发展改革委, 工业和信息化部, 财政部. 工业炉窑大气污染综合治理方案. 2019.

[210] 生态环境部. 关于加强高耗能、高排放建设项目生态环境源头防控的指导意见. 2021.

[211] 生态环境部. 关于统筹和加强应对气候变化与生态环境保护相关工作的指导意见. 2021.

[212] 生态环境部. 重点行业挥发性有机物综合治理方案. 2019.

[213] 生态环境部. 重型柴油车污染物排放限值及测量方法（中国第六阶段）. 2018.

[214] 生态环境部, 国家发展改革委, 工业和信息化部, 公安部, 财政部, 交通运输部, 商务部, 国家市场监督管理总局, 国家能源局, 国家铁路局, 中国铁路总公司. 柴油货车污染治理攻坚战行动计划. 2019.

[215] 北京市人民政府. 北京市机动车和非道路移动机械排放污染防治条例. 2020.

[216] 重庆市生态环境局. 关于在环评中规范开展碳排放影响评价的通知. 2021.

[217] 重庆市生态环境局. 重庆市规划环境影响评价技术指南——碳排放评价（试行）. 2021.

[218] 重庆市生态环境局. 重庆市建设项目环境影响评价技术指南——碳排放评价（试行）.

2021.

[219] 河北省. 河北省减少污染物排放条例. 2009.

[220] 河北省生态环境厅. 关于统筹和加强应对气候变化与生态环境保护相关工作的若干措施. 2021.

[221] 四川省人民政府. 关于进一步加强环境保护工作的决定. 2004.

[222] 四川省环境保护厅. 关于开展环境污染责任保险工作的实施意见. 2010.

[223] 湖南省人民政府. 湖南省主要污染物排污权有偿使用和交易管理暂行办法. 2010.

[224] 浙江省生态环境厅,浙江省发展和改革委员会,浙江省经济和信息化厅,浙江省财政厅. 浙江省工业炉窑大气污染综合治理实施方案. 2019.

[225] 国务院. 建设项目环境保护管理条例. 1998.

[226] 国务院. 打赢蓝天保卫战三年行动计划. 2018.

[227] 国务院. "十三五"控制温室气体排放工作方案. 2016.

[228] 国务院. 排污许可管理条例. 2021.

[229] 《气候变化国家评估报告》编写委员会. 气候变化国家评估报告. 2007.

[230] 全国人大常委会关于积极应对气候变化的决议. 2009.

[231] 中国 21 世纪初可持续发展行动纲要. 2003.

[232] 中国 21 世纪议程——中国 21 世纪人口、环境与发展白皮书. 1994.

[233] JETRO 北京中心. 中国环境产业调查报告. 2009.

[234] 中国环境保护投融资机制研究课题组. 创新环境保护投融资机制[M]. 北京：中国环境科学出版社，2004：24.

[235] 中国环境状况公报. 2008，2009.

[236] 中国社会科学院. 世界能源中国展望（2013—2014）[R]. 北京：中国社会科学出版社，2014.

[237] 中国应对气候变化的政策与行动. 2008.

[238] 中国应对气候变化的政策与行动——2009 年度报告. 2009.

[239] 中国应对气候变化的政策与行动——2010 年度报告. 2010.

[240] 中国应对气候变化的政策与行动——2015 年度报告. 2015.

[241] 中国应对气候变化的政策与行动——2016 年度报告. 2016.

[242] 中国应对气候变化的政策与行动——2017 年度报告. 2017.

[243] 中国应对气候变化的政策与行动——2018 年度报告. 2018.

[244] 中国应对气候变化的政策与行动——2019 年度报告. 2019.

[245] 中国应对气候变化国家方案. 2007.

[246] 中华人民共和国大气污染防治法. 2000.

[247] 中华人民共和国大气污染防治法. 2015.

[248] 中华人民共和国国民经济和社会发展第十一个五年规划纲要. 2006

[249] 中华人民共和国国民经济和社会发展第十二个五年规划纲要. 2011.

[250] 中华人民共和国国民经济和社会发展第十三个五年规划纲要. 2016.

[251] 中华人民共和国国民经济和社会发展第十四个五年规划和 2035 年远景目标纲要. 2021.

[252] 中华人民共和国环境保护法. 2015.

[253] 中华人民共和国节约能源法. 2008.

[254] 中华人民共和国可再生能源法. 2006 实施，2010 修订.

[255] 中华人民共和国清洁生产促进法. 2003.

[256] 中华人民共和国循环经济促进法. 2009.

[257] 中央财政主要污染物减排专项资金管理暂行办法. 2007.